GANA DINERO CON INTELIGENCIA ARTIFICIAL

GANA DINERO CON INTELIGENCIA ARTIFICIAL

WILMER VELÁSQUEZ
Rondha Watson

KDP Editorial Design

CHAPTER 1

Cómo aprender a usar la inteligencia artificial para ganar dinero en internet

Gana Dinero con Inteligencia Artificial
LA Guía completa para Dummies
Wilmer Antonio Velásquez Peraza y Rondha Watson
Este curso está diseñado para proporcionar a los principiantes una introducción práctica a la IA y cómo pueden usarla para generar ingresos en línea, centrándose en herramientas amigables y proyectos aplicables.

INTRODUCCIÓN

Querido/a aprendiz de la Inteligencia Artificial.

Al embarcarte en el fascinante viaje de aprender a utilizar la Inteligencia Artificial para generar ingresos en Internet, quiero expresarte mis más sinceros deseos de éxito. Este curso no solo representa una oportunidad de adquirir conocimientos valiosos, sino también la apertura de puertas a un mundo de posibilidades y crecimiento personal.

En la era digital en la que vivimos, la Inteligencia Artificial se ha convertido en un elemento clave en la transformación de la forma en que interactuamos con la tecnología y, por ende, en cómo generamos ingresos. Este curso no solo te proporcionará las habilidades necesarias para comprender los principios fundamentales de la IA, sino que también te capacitará para aplicar estos conocimientos de manera práctica en el vasto y dinámico mundo de la economía digital.

Aprender a utilizar la Inteligencia Artificial para ganar dinero en Internet no solo es una inversión en conocimientos técnicos, sino también en tu propia capacidad para adaptarte y evolucionar en un entorno en constante cambio. Este viaje te desafiará, te inspirará y, sin duda, te llevará a explorar nuevas formas de abordar problemas y oportunidades que quizás nunca antes habías considerado.

La clave del éxito en este viaje reside en tu dedicación y disposición para sumergirte en el aprendizaje continuo. La Inteligencia Artificial es un campo vasto y emocionante, y cada nuevo concepto que absorbas te acercará un paso más hacia la maestría en esta disciplina. Aprovecha al máximo los recursos disponibles, desde cursos en línea hasta comunidades en las que puedas compartir experiencias y conocimientos con otros entusiastas.

Recuerda que el aprendizaje es un proceso gradual, y cada pequeño logro cuenta. No te desanimes por los desafíos que puedas encontrar en el camino; más bien, utilízalos como oportunidades para crecer y mejorar. La capacidad de enfrentar y superar obstáculos es una habilidad invaluable, especialmente en un campo tan dinámico como la Inteligencia Artificial.

Mientras avanzas en tu curso, ten en cuenta que no solo estás adquiriendo habilidades técnicas, sino que también estás construyendo una mentalidad emprendedora. La capacidad de aplicar la Inteligencia Artificial para generar ingresos no solo te permitirá participar en el mercado laboral actual, sino que también te brindará la oportunidad de innovar y crear soluciones únicas que pueden marcar la diferencia.

En este emocionante viaje, te animamos a establecer metas claras y medibles. Define tus objetivos a corto y largo plazo, y celebra cada logro, por pequeño que sea. El proceso de aprendizaje es tan importante como el resultado final, y cada paso que tomes te acerca más a convertirte en un experto en el uso de la Inteligencia Artificial para ganar dinero en Internet.

Te deseamos un viaje lleno de descubrimientos, aprendizaje y, sobre todo, éxito en cada paso que tomes. Que este curso sea el inicio de una emocionante y fructífera travesía en el mundo de la Inteligencia Artificial. ¡Adelante, aprendiz, y que el camino te lleve hacia nuevas alturas de conocimiento y prosperidad!

TABLA DE CONTENIDOS

PRÓLOGO

Este libro nace del deseo de ofrecer un acceso claro y práctico al mundo de la Inteligencia Artificial (IA).

Si buscas comprender cómo la IA puede transformar no solo tus perspectivas en línea, sino también tus habilidades técnicas, has llegado al lugar indicado.

En un mundo donde la innovación es la moneda de cambio, esta obra está destinada a convertirse en tu guía definitiva para adentrarte en el vasto universo de la IA y sus aplicaciones prácticas.

A lo largo de estas páginas, descubrirás cómo la comprensión de los fundamentos de la IA puede potenciar tus esfuerzos en línea y abrir nuevas puertas para la generación de más ingresos para Ti.

Además, encontrarás que este curso va más allá de la teoría básica, es práctica y obtención de resultados inmediatos.

Aquí te mostraremos cómo la IA puede convertirse en un aliado inestimable en tu camino hacia el éxito online, ofreciéndote las herramientas y los conocimientos necesarios para integrar la IA de manera efectiva en tus estrategias de ingresos en línea.

Así que prepárate para sumergirte en un viaje de descubrimiento, desafiando y redefiniendo tus propias habilidades mediante la aplicabilidad y sincronía del poder que la IA en definitiva es capaz de aportarte.

Este curso está diseñado para ser una brújula en tu travesía hacia la comprensión y la maestría de la IA para generar ingresos en línea.

¡Esperamos que disfrutes y saques el máximo provecho de esta experiencia!

KDP Diseño Editorial.

CHAPTER 2

Introducción a la inteligencia Artificial y oportunidades de ingresos en Internet

Módulo 1: Introducción a la inteligencia Artificial y oportunidades de ingresos en Internet

Lección 1: ¿Qué es la Inteligencia Artificial y por qué es relevante?

Lección 2: Oportunidades de ingresos en línea con la IA

Módulo 2: Introducción a la programación para principiantes: Descifrando el mundo del desarrollo sin código

Lección 1: Introducción a la programación para principiantes (sin código)

Lección 2: Conceptos básicos de Machine Learning explicados de manera accesible

Lección 3: Ejemplos prácticos y casos de uso sencillos.

Módulo 3: Herramientas amigables para principiantes

Lección 1: Exploración de herramientas visuales para IA (ej. AutoML, máquina enseñable)

Lección 2: Creación de modelos sin necesidad de programar

Lección 3: Demostración de casos prácticos sin complicaciones técnicas

Módulo 4: Proyectos Prácticos para Generar Ingresos

Lección 1: Identificación de nichos y oportunidades de negocio

Lección 2: Creación de proyectos pequeños con impacto económico rápido

Lección 3: Estrategias para monetizar proyectos sencillos

Módulo 5: Herramientas y Plataformas para Monetizar Proyectos de IA

Lección 1: Introducción a plataformas de freelancing y crowdsourcing

Lección 2: Creación de servicios y productos basados en IA

Lección 3: Uso de plataformas de eCommerce y marketing digital

Módulo 6: Consejos Prácticos y Estrategias de Marketing para Principiantes

Lección 1: Estrategias de marketing digital para proyectos de IA

Lección 2: Creación de una marca personal en línea

Lección 3: Consejos para promocionar productos y servicios basados en IA.

Recursos Adicionales para Principiantes

Deseándote Éxito en tu Viaje con la Inteligencia Artificial: Ganando en el Mundo Digital.

CHAPTER 3

Módulo 1: Introducción a la Inteligencia Artificial y Oportunidades de Ingresos en Internet

Lección 1: ¿Qué es la Inteligencia Artificial y por qué es relevante?

La Inteligencia Artificial (IA) ha dejado de ser una mera aspiración de la ciencia ficción para convertirse en una fuerza transformadora en la realidad cotidiana. En esencia, la IA se refiere a la capacidad de las máquinas para realizar tareas que normalmente requieren inteligencia humana. Su relevancia se manifiesta en una amplia gama de aplicaciones, desde asistentes virtuales hasta diagnósticos médicos avanzados, y su impacto continuo en la sociedad es innegable.

Definiendo la Inteligencia Artificial:

La Inteligencia Artificial (IA), en su esencia, es un campo multidisciplinario que aspira a dotar a las máquinas con la capacidad de realizar tareas que requieren inteligencia humana. Al profundizar en esta definición, emerge un fascinante mundo de componentes y aplicaciones que ilustran la complejidad y el impacto de la IA en la sociedad moderna.

Componentes Fundamentales de la Inteligencia Artificial:

En el corazón de la IA se encuentran tres componentes fundamentales: **el aprendizaje, el razonamiento y la resolución de problemas. El aprendizaje** implica la capacidad de una máquina para adquirir conocimiento a partir de datos y experiencia previa. Esto puede manifestarse en formas diversas, como el aprendizaje supervisado, donde el modelo se entrena con ejemplos etiquetados, o el aprendizaje no supervisado, donde la máquina identifica patrones por sí misma.

El razonamiento es otro componente crucial que permite a las máquinas procesar la información de manera lógica y tomar decisiones informadas. Este proceso se basa en la capacidad de analizar situaciones, evaluar posibilidades y llegar a conclusiones coherentes.

La resolución de problemas implica la capacidad de abordar situaciones novedosas y encontrar soluciones efectivas. Aquí, la IA puede superar a los humanos al procesar grandes cantidades de datos y generar respuestas rápidas y precisas.

Algoritmos Complejos: El Cerebro de la Inteligencia Artificial:

La ejecución de estos componentes se lleva a cabo mediante algoritmos complejos. Estos algoritmos son el cerebro detrás de la IA, permitiendo a las máquinas analizar datos a una velocidad y escala que serían impensables para un ser humano. El aprendizaje profundo, una forma avanzada de aprendizaje automático, utiliza redes neuronales artificiales para imitar el funcionamiento del cerebro humano, permitiendo a las máquinas comprender, clasificar y generar información de manera más sofisticada.

Estos algoritmos son entrenados con conjuntos de datos diversificados, permitiéndoles reconocer patrones complejos y adaptarse a situaciones cambiantes. Por ejemplo, en el reconocimiento facial, un algoritmo puede aprender a identificar rasgos específicos de una imagen y asociarlos con individuos particulares.

Aplicaciones Prácticas de la Inteligencia Artificial:

La Inteligencia Artificial (IA), con su capacidad para imitar procesos cognitivos humanos, ha desencadenado una revolución en una amplia variedad de sectores, dando lugar a aplicaciones prácticas que transforman la forma en que vivimos y trabajamos. Desde la medicina hasta la educación y la industria, la IA ha dejado una marca indeleble, brindando soluciones innovadoras y mejorando la eficiencia en diversos aspectos de la vida moderna.

Medicina y Diagnóstico:

Uno de los campos más impactados por la IA es la medicina. Los algoritmos de aprendizaje automático pueden analizar grandes conjuntos de datos médicos, desde imágenes de resonancia magnética hasta resultados de análisis de sangre, para identificar patrones sutiles que podrían pasar desapercibidos para el ojo humano. Esto ha llevado a mejoras significativas en el diagnóstico temprano de enfermedades como el cáncer y la diabetes, permitiendo tratamientos más efectivos y aumentando las tasas de supervivencia.

Además, la IA ha demostrado ser valiosa en la personalización de tratamientos. Al analizar datos genómicos y registros médicos, los sistemas de IA pueden recomendar terapias específicas adaptadas a las características individuales de un paciente, abriendo la puerta a un enfoque más preciso y eficaz en la atención médica.

Educación y Aprendizaje Personalizado:

En el ámbito educativo, la IA está dando forma a la forma en que los estudiantes aprenden. Plataformas de aprendizaje en línea utilizan algoritmos para analizar el rendimiento del estudiante y adaptar los contenidos de manera personalizada. Esto permite a cada estudiante avanzar a su propio ritmo, brindando lecciones adicionales en áreas de dificultad y acelerando el aprendizaje en aquellas en las que demuestran habilidades avanzadas.

Además, la IA también se ha introducido en la creación de contenido educativo. Desde sistemas de tutoría virtual hasta la generación de materiales de aprendizaje, la IA está contribuyendo a la expansión y accesibilidad de la educación en todo el mundo.

Comercio y Experiencia del Cliente:

En el mundo del comercio, la IA ha redefinido la experiencia del cliente. Los algoritmos de excelente recomendación utilizados por plataformas de comercio electrónico analizan el historial de las compras, las preferencias y el comportamiento del usuario para sugerir productos relevantes de una manera personalizada. Esta capacidad de personalización no solo mejora la experiencia del usuario, sino que también impulsa las ventas al proporcionar recomendaciones precisas y atractivas.

Los chatbots alimentados por IA han revolucionado la atención al cliente en línea. Estos asistentes virtuales pueden responder preguntas, guiar a los clientes a través del proceso de compra y resolver problemas comunes, todo en tiempo real. Esto no solo mejora la eficiencia, sino que también garantiza una atención al cliente las 24 horas del día, los 7 días de la semana.

Industria y Automatización:

En el ámbito industrial, la IA está desempeñando un papel fundamental en la automatización de procesos. Desde la cadena de producción hasta la gestión de inventarios, la IA puede optimizar operaciones, reducir costos y mejorar la eficiencia general. Los robots equipados con capacidades de aprendizaje automático pueden realizar tareas complejas con precisión, lo que aumenta la productividad y permite a los humanos centrarse en actividades más creativas y estratégicas.

Además, la IA también ha encontrado aplicaciones en la predicción de mantenimiento industrial. Al analizar datos de sensores y patrones de fallos anteriores, los algoritmos pueden prever cuándo es probable que un equipo necesite mantenimiento, evitando tiempos de inactividad costosos y prolongados.

Transporte y Conducción Autónoma:

En el sector del transporte, la IA ha allanado el camino para la conducción autónoma. Los vehículos equipados con sistemas de visión por computadora y aprendizaje automático pueden interpretar su entorno, tomar decisiones en tiempo real y adaptarse a condiciones cambiantes del tráfico. Esto no solo promete hacer que las carreteras sean más seguras, sino que también tiene el potencial de transformar la movilidad y reducir la congestión urbana.

Además, la IA se utiliza en la planificación de rutas y la gestión del tráfico. Los algoritmos pueden analizar datos en tiempo real, como patrones de flujo de tráfico y condiciones meteorológicas, para optimizar las rutas y minimizar los tiempos de viaje.

Arte y Creatividad:

La IA también ha demostrado ser una fuerza creativa en el ámbito artístico. Desde la composición musical hasta la generación de arte visual, los algoritmos pueden aprender estilos artísticos y crear obras originales. Esto no solo amplía las posibilidades creativas, sino que también plantea preguntas fascinantes sobre la intersección entre la creatividad humana y la capacidad de las máquinas para generar arte.

En conclusión, las aplicaciones prácticas de la Inteligencia Artificial están transformando la forma en que interactuamos con el mundo. Desde la mejora de la atención médica hasta la personalización de la educación, la IA está allanando el camino para un futuro más eficiente, innovador y conectado. Sin embargo, a medida que celebramos estos avances, es crucial abordar los desafíos éticos y sociales para garantizar que la IA se utilice de manera responsable y en beneficio de la humanidad. La evolución continua de estas aplicaciones promete un futuro emocionante en el que la Inteligencia Artificial seguirá siendo una fuerza impulsora en la mejora de la experiencia humana.

Explorando los Diversos Tipos de Inteligencia Artificial y su Impacto en la Sociedad

La Inteligencia Artificial (IA) es una disciplina en constante evolución que abarca una amplia variedad de enfoques y aplicaciones. A medida que la tecnología avanza, se han desarrollado distintos tipos de IA, cada uno con sus características y capacidades únicas. Desde la IA débil, que se centra en tareas específicas, hasta la IA fuerte, que busca emular la inteligencia humana en su totalidad, este texto explora los diferentes tipos de IA y su impacto en la sociedad actual.

1. **IA Débil: Realizando Tareas Específicas**

   La IA débil, también conocida como Inteligencia Artificial Estrecha, se centra en realizar tareas específicas sin poseer la capacidad de comprensión o conciencia. Este tipo de IA se ha vuelto común en nuestra vida cotidiana y se encuentra en aplicaciones como motores de búsqueda en internet, asistentes virtuales y sistemas de recomendación.

   Ejemplos de IA Débil:

   Reconocimiento de Voz: Asistentes virtuales como Siri o Google Assistant utilizan IA para interpretar y responder a comandos de voz.

   Traducción Automática: Plataformas como Google Translate emplean algoritmos de IA para traducir texto de un idioma a otro.

   Reconocimiento de Imágenes: Aplicaciones que identifican caras en fotos o etiquetan objetos utilizan IA para procesar imágenes.

   Estos sistemas son altamente especializados y se entrenan para realizar una tarea específica. Sin embargo, carecen de la capacidad de aplicar su conocimiento a dominios más amplios.

2. **IA Fuerte: Aspirando a la Conciencia y Comprensión**

La IA fuerte, en contraste con la IA débil, busca emular la inteligencia humana en su totalidad. Este tipo de IA tendría la capacidad de comprender el contexto, aprender de la experiencia y razonar en diversos dominios. Aunque aún estamos lejos de lograr una IA fuerte, es el objetivo a largo plazo de la investigación en inteligencia artificial.

Desafíos de la IA Fuerte:

Comprensión Humana: Lograr que una máquina comprenda el mundo de la misma manera que lo hace un ser humano es un desafío monumental.

Conciencia: Dotar a una máquina de conciencia y autoconciencia plantea cuestiones filosóficas y éticas complejas.

Adaptabilidad: Una IA fuerte debería poder adaptarse a situaciones nuevas y desconocidas de manera similar a un ser humano.

El desarrollo de una IA fuerte requerirá avances significativos en el campo de la investigación en inteligencia artificial y la comprensión profunda de la mente humana.

3. **Aprendizaje Supervisado: Capacitando a las Máquinas con Datos Etiquetados**

El aprendizaje supervisado es un enfoque fundamental en la construcción de sistemas de inteligencia artificial. En este tipo de aprendizaje, el modelo se entrena con un conjunto de datos etiquetado, donde cada entrada está asociada con la respuesta correcta. El objetivo es que el modelo aprenda a realizar predicciones o clasificaciones basadas en ejemplos previos.

Ejemplos de Aprendizaje Supervisado:

Clasificación de Correos Electrónicos: Un modelo podría entrenarse para clasificar correos electrónicos como spam o no spam.

Reconocimiento Facial: Al mostrar al modelo imágenes

etiquetadas de caras y no caras, puede aprender a reconocer rostros en nuevas imágenes.

El aprendizaje supervisado es eficaz cuando se dispone de datos etiquetados, pero puede enfrentar desafíos en situaciones donde obtener etiquetas precisas es costoso o difícil.

4. **Aprendizaje No Supervisado: Descubriendo Patrones sin Etiquetas Predefinidas**

A diferencia del aprendizaje supervisado, el aprendizaje no supervisado implica entrenar modelos con datos que no están etiquetados. El objetivo es permitir que el modelo encuentre patrones y relaciones intrínsecas en los datos por sí mismo.

Aplicaciones de Aprendizaje No Supervisado:

Agrupamiento: Identificar patrones de similitud entre datos, como en la segmentación de clientes según comportamientos de compra.

Reducción de Dimensionalidad: Reducir la complejidad de los datos mientras se conservan sus características más importantes.

El aprendizaje no supervisado es esencial para descubrir información valiosa en conjuntos de datos grandes y complejos, aunque puede ser más desafiante debido a la falta de guía externa.

5. **Aprendizaje Reforzado: Tomando Decisiones para Maximizar Recompensas**

El aprendizaje reforzado se basa en la idea de que un agente, ya sea físico o virtual, toma decisiones en un entorno para maximizar las recompensas obtenidas. El agente aprende mediante la retroalimentación, ajustando su comportamiento en función de las consecuencias de sus acciones.

Ejemplos de Aprendizaje Reforzado:

Juegos de Mesa: Modelos que aprenden a jugar juegos como ajedrez o Go, ajustando sus estrategias en función de las recompensas o penalizaciones obtenidas.

Robótica: Sistemas de IA que controlan robots para realizar tareas complejas, como caminar o manipular objetos.

El aprendizaje reforzado es crucial en situaciones donde el agente debe aprender a tomar decisiones secuenciales para maximizar un objetivo a largo plazo.

6. **Aprendizaje Profundo: Emulando la Red Neuronal Humana**

El aprendizaje profundo, también conocido como redes neuronales profundas, es un subcampo de la IA que se inspira en la estructura y funcionamiento del cerebro humano. Utiliza redes neuronales artificiales con capas interconectadas para aprender y representar datos de manera jerárquica.

Aplicaciones de Aprendizaje Profundo:

Reconocimiento de Voz: Modelos de aprendizaje profundo han mejorado significativamente la precisión del reconocimiento de voz.

Visión por Computadora: En tareas como el reconocimiento de objetos y el seguimiento facial, el aprendizaje profundo ha demostrado un rendimiento excepcional.

El aprendizaje profundo ha impulsado avances significativos en campos como el procesamiento de lenguaje natural, la visión por computadora y la generación de texto y

Relevancia en el Desarrollo Empresarial:

En el tejido de la era digital, la Inteligencia Artificial (IA) ha emergido como un catalizador poderoso que transforma la forma en que las empresas operan, compiten y prosperan. Desde la automatización de tareas rutinarias hasta la toma de decisiones estratégicas impulsadas por datos, la IA ha demostrado ser una herramienta invaluable para el desarrollo empresarial. Este texto explorará la relevancia de la IA en el mundo empresarial, destacando cómo esta tecnología está redefiniendo la eficiencia, la innovación y la competitividad.

Automatización y Eficiencia Operativa:

Uno de los aspectos más evidentes de la relevancia de la IA en el desarrollo empresarial es la automatización de procesos. Las tareas rutinarias y repetitivas que antes consumían horas de trabajo humano ahora pueden ser ejecutadas de manera eficiente por sistemas de IA. Esto no solo libera recursos humanos para tareas más estratégicas y creativas, sino que también mejora la precisión y reduce errores en las operaciones diarias.

Ejemplos de Automatización con IA:

Procesamiento de Datos: Los algoritmos de IA pueden analizar grandes conjuntos de datos en tiempo real, identificando patrones y tendencias de manera más rápida y precisa que los métodos convencionales.

Automatización de Procesos de Negocio: Desde la gestión de inventario hasta la facturación, la IA puede automatizar una variedad de procesos empresariales, mejorando la eficiencia operativa.

La automatización permite a las empresas optimizar sus recursos, reducir costos operativos y responder rápidamente a las demandas del mercado, lo que se traduce directamente en un desarrollo empresarial más ágil y sostenible.

Toma de Decisiones Informada:

La relevancia de la IA en el desarrollo empresarial también se manifiesta en su capacidad para impulsar la toma de decisiones informada. Los sistemas de IA pueden analizar vastas cantidades de datos y proporcionar información valiosa para respaldar decisiones estratégicas. Desde la identificación de oportunidades de mercado hasta la predicción de tendencias, la IA se ha convertido en un asesor invaluable para los líderes empresariales.

Beneficios de la Toma de Decisiones con IA:

Análisis Predictivo: Los modelos de aprendizaje automático pueden prever tendencias futuras basándose en datos históricos, permitiendo a las empresas anticipar cambios en el mercado y ajustar sus estrategias.

Optimización de la Cadena de Suministro: La IA puede mejorar la gestión de inventarios y la planificación de la cadena de suministro, reduciendo los costos y mejorando la eficiencia operativa.

La toma de decisiones basada en datos es esencial para el desarrollo empresarial sostenible, ya que permite a las empresas adaptarse rápidamente a un entorno empresarial dinámico y competitivo.

Mejora de la Experiencia del Cliente:

Otro aspecto crucial de la relevancia de la IA en el desarrollo empresarial es su capacidad para mejorar la experiencia del cliente. Los algoritmos de IA permiten una personalización más profunda, anticipando las necesidades de los clientes y ofreciendo soluciones adaptadas a sus preferencias individuales. Desde chatbots de servicio al cliente hasta recomendaciones personalizadas, la IA está transformando la forma en que las empresas interactúan con sus clientes.

Aplicaciones de la IA en la Experiencia del Cliente:

Asistentes Virtuales: Chatbots impulsados por IA que pueden responder preguntas frecuentes, proporcionar información y resolver problemas de manera eficiente.

Recomendaciones Personalizadas: Plataformas de comercio electrónico utilizan algoritmos de recomendación para sugerir productos según el historial de compras y preferencias del cliente.

La mejora de la experiencia del cliente no solo fortalece la lealtad del cliente, sino que también genera oportunidades de crecimiento mediante la retención y la adquisición de clientes.

Transformación en la Gestión de Recursos Humanos:

La IA también ha dejado su huella en la gestión de recursos humanos, facilitando la contratación, el desarrollo y la retención de talento. Los algoritmos de IA pueden analizar currículos de manera rápida y objetiva, identificando candidatos que coincidan mejor con los requisitos del trabajo. Además, la IA puede analizar el rendimiento y las preferencias de los empleados, proporcionando información valiosa para el desarrollo profesional y la gestión del talento.

Contribuciones de la IA en Recursos Humanos:

Selección de Candidatos: La IA puede analizar grandes cantidades de currículos y entrevistas para identificar a los candidatos más adecuados para un puesto.

Gestión del Rendimiento: Sistemas de IA que evalúan el rendimiento y proporcionan retroalimentación objetiva para el desarrollo profesional.

La implementación de la IA en recursos humanos no solo ahorra tiempo, sino que también contribuye a la formación continua y al desarrollo de los empleados, promoviendo un entorno laboral más productivo y comprometido.

Innovación en Productos y Servicios:

La relevancia de la IA en el desarrollo empresarial se extiende a la innovación de productos y servicios. Las empresas pueden utilizar la IA para desarrollar productos más avanzados, personalizar ofertas y explorar oportunidades de mercado previamente inexploradas. Desde la investigación y desarrollo hasta la entrega de soluciones innovadoras, la IA impulsa la creatividad empresarial.

Impacto de la IA en la Innovación:

Diseño de Productos: Algoritmos de diseño generativo que utilizan IA para crear diseños innovadores y eficientes.

Desarrollo de Nuevos Servicios: La IA puede identificar nichos de mercado y oportunidades emergentes, permitiendo a las empresas diversificar su oferta de servicios.

La innovación alimentada por la IA no solo mantiene a las empresas a la vanguardia de sus industrias, sino que también les permite anticipar y adaptarse a las cambiantes demandas del mercado.

Desarrollos Recientes y Futuros de la IA:

La Inteligencia Artificial (IA) ha experimentado una evolución fenomenal en los últimos años, marcando un hito en la forma en que interactuamos con la tecnología y abriendo un abanico de posibilidades para el futuro. Al examinar los desarrollos recientes y las tendencias emergentes, podemos vislumbrar un panorama donde la IA continúa transformando diversos sectores de la sociedad y la economía.

Aprendizaje Profundo: Redefiniendo los Límites de la Capacidad Cognitiva

El aprendizaje profundo, una forma avanzada de aprendizaje automático que se inspira en la estructura y función del cerebro humano, ha sido una fuerza impulsora detrás de muchos de los avances recientes en la IA. Al utilizar redes neuronales artificiales con capas interconectadas, el aprendizaje profundo permite a las máquinas aprender y representar datos de manera jerárquica, emulando la capacidad humana de procesar información de manera compleja.

En el ámbito del reconocimiento de voz, el aprendizaje profundo ha superado barreras significativas. Los asistentes virtuales como Siri y Alexa han mejorado su capacidad para comprender y responder a las instrucciones verbales, ofreciendo una experiencia más natural y efectiva. Además, en la visión por computadora, hemos presenciado avances notables en la identificación de objetos, el reconocimiento facial y la interpretación de escenas complejas.

La traducción automática también ha experimentado mejoras sustanciales gracias al aprendizaje profundo. Plataformas como Google Translate ahora pueden proporcionar traducciones más precisas y contextuales, mejorando la comunicación global y eliminando barreras lingüísticas de manera más efectiva.

Integración de la IA en la Internet de las Cosas (IoT): Potenciando la Conectividad Inteligente

La convergencia de la IA y la Internet de las Cosas (IoT) marca otro hito en el desarrollo tecnológico. La IoT implica la conexión de dispositivos cotidianos a internet, permitiéndoles comunicarse entre sí y con usuarios humanos. Al incorporar la IA en este ecosistema, los dispositivos no solo recopilan datos, sino que también pueden interpretarlos y tomar decisiones inteligentes en función de la información adquirida.

La integración de la IA en la IoT tiene aplicaciones amplias y diversas. En el hogar inteligente, por ejemplo, los electrodomésticos pueden aprender y adaptarse a las preferencias del usuario. La iluminación, la temperatura y otros aspectos del entorno pueden ajustarse automáticamente para satisfacer las necesidades específicas de cada persona en el hogar.

En el ámbito industrial, la IA en la IoT facilita la monitorización y el control avanzado de la maquinaria. Los sensores conectados pueden recopilar datos en tiempo real, y los algoritmos de IA pueden analizar estos datos para prever problemas potenciales, optimizar la eficiencia y reducir el tiempo de inactividad.

Conducción Autónoma: Navegando Hacia un Futuro sin Conductor

Uno de los desarrollos más emocionantes de la IA es la conducción autónoma. Las tecnologías de vehículos autónomos utilizan sistemas de visión por computadora, aprendizaje profundo y algoritmos de toma de decisiones para permitir que los vehículos operen de manera independiente, sin intervención humana directa.

Empresas líderes en tecnología y automóviles han invertido significativamente en el desarrollo de vehículos autónomos. Estos vehículos utilizan sensores avanzados, como cámaras y radares, para interpretar su entorno y tomar decisiones en tiempo real. La conducción autónoma promete no solo hacer que las carreteras sean más seguras, sino también transformar la movilidad al hacer que el transporte sea más eficiente y accesible.

Medicina Personalizada: Un Enfoque Único para la Atención de la Salud

La medicina personalizada ha sido revolucionada por la IA, especialmente en el ámbito del diagnóstico y tratamiento de enfermedades. Los algoritmos de aprendizaje automático pueden analizar grandes conjuntos de datos genómicos y clínicos para identificar patrones que ayuden a predecir la susceptibilidad a ciertas enfermedades y a personalizar tratamientos.

En el diagnóstico, la IA ha demostrado su capacidad para interpretar imágenes médicas con una precisión comparable o incluso superior a la de los profesionales de la salud. Desde la detección temprana de enfermedades como el cáncer hasta la evaluación de la progresión de trastornos neurodegenerativos, la IA mejora la velocidad y la precisión del diagnóstico médico.

Optimización de la cadena de suministro: eficiencia en movimiento

La IA también está dejando su huella en la gestión de la cadena de suministro, un componente crítico para la eficiencia operativa de las empresas. Algoritmos de aprendizaje automático pueden analizar datos relacionados con la cadena de suministro, desde el inventario hasta la demanda del cliente, para prever patrones y tomar decisiones que optimicen la eficiencia.

La optimización de la cadena de suministro a través de la IA incluye la predicción de la demanda, la gestión eficiente de inventarios y la planificación de rutas logísticas. Esto no solo reduce los costos operativos, sino que también mejora la capacidad de respuesta ante cambios inesperados en el mercado.

Desafíos y Consideraciones Éticas en el Desarrollo de la IA:

Aunque los desarrollos recientes y futuros de la IA prometen beneficios significativos, también plantean desafíos y cuestiones éticas que deben abordarse de manera cuidadosa. La privacidad de los datos, el sesgo algorítmico y la necesidad de una supervisión ética son consideraciones críticas a medida que la IA se convierte en una parte integral de nuestras vidas.

En conclusión, la definición de Inteligencia Artificial se expande más allá de la imitación de procesos mentales humanos. A través de componentes fundamentales, algoritmos complejos y una amplia variedad de aplicaciones prácticas, la IA ha evolucionado para convertirse en una fuerza transformadora en la sociedad moderna. Comprender la intersección entre aprendizaje, razonamiento y resolución de problemas, junto con el papel central de los algoritmos, es esencial para apreciar la amplitud de la influencia de la IA y sus potenciales implicaciones en el futuro.

Lección 2: Oportunidades de Ingresos en Línea con la Inteligencia Artificial

En la era digital actual, la Inteligencia Artificial (IA) no solo ha transformado la manera en que interactuamos con la tecnología, sino que también ha abierto nuevas y emocionantes oportunidades para generar ingresos en línea. Esta lección explora las diversas oportunidades que la IA presenta para emprendedores y profesionales que buscan aprovechar al máximo sus habilidades y conocimientos en este campo en constante evolución.

1. Freelance en Proyectos de IA:

La opción de ofrecer servicios como freelancer en proyectos de Inteligencia Artificial (IA) no solo es una oportunidad accesible, sino que también es una vía emocionante para aquellos que desean capitalizar sus habilidades en este campo en constante evolución. Al sumergirse en plataformas líderes como Upwork, Freelancer y Fiverr, se abre un mundo virtual donde empresas y particulares buscan activamente profesionales de la IA para satisfacer necesidades específicas y proyectos desafiantes.

Amplitud de Proyectos en Plataformas de Freelance:

La diversidad de proyectos disponibles en estas plataformas refleja la creciente demanda de habilidades especializadas en IA. Desde el desarrollo de algoritmos de aprendizaje automático hasta la implementación de soluciones de visión por computadora, los freelancers tienen la oportunidad de sumergirse en una variedad de tareas que abarcan el amplio espectro de aplicaciones de la IA.

La creación y entrenamiento de modelos de aprendizaje automático son áreas especialmente solicitadas. Empresas de diversos sectores buscan expertos capaces de desarrollar modelos predictivos, clasificación de datos y análisis de tendencias. Esto no solo demuestra la versatilidad de la IA, sino también la capacidad de los freelancers para abordar desafíos específicos en diferentes industrias.

Beneficios de ser Freelance en Proyectos de IA:

Flexibilidad Laboral: La naturaleza del trabajo freelance permite a los profesionales de la IA tener un control significativo sobre su horario y lugar de trabajo. Esto se traduce en una mayor flexibilidad para equilibrar proyectos y compromisos personales.

Amplio Acceso a Oportunidades: Las plataformas de freelance conectan a los profesionales con un flujo constante de oportunidades. Esta diversidad de proyectos no solo permite a los freelancers explorar distintos aspectos de la IA, sino también construir un portafolio variado y atractivo.

Desarrollo de Habilidades Continuo: Al trabajar en proyectos específicos, los freelancers tienen la oportunidad de mejorar y expandir constantemente sus habilidades en el campo de la IA. Cada proyecto nuevo presenta desafíos únicos, lo que contribuye **al desarrollo profesional continuo.**

Networking Global: El trabajo freelance en proyectos de IA implica la colaboración con clientes de todo el mundo. Esto no solo amplía la red profesional del freelancer, sino que también brinda la posibilidad de trabajar en proyectos con enfoques culturales y empresariales diversos.

Desafíos y Estrategias para Freelancers de IA:

A pesar de las ventajas, existen desafíos inherentes al mundo del freelance en proyectos de IA. La competencia puede ser intensa, y es crucial destacarse en un mercado saturado. Estrategias como la construcción de un portafolio sólido, la participación activa en comunidades de IA y la búsqueda proactiva de oportunidades pueden ser fundamentales para superar estos desafíos.

Además, la naturaleza dinámica de la IA implica la necesidad de actualización constante de habilidades. Los freelancers deben estar al tanto de las últimas tendencias, herramientas y enfoques en el campo para mantener su relevancia y competitividad.

Evolución del Freelancer en Proyectos de IA:

A medida que la IA continúa su avance, se espera que la demanda de freelancers especializados en esta área siga creciendo. La diversificación de proyectos, desde la implementación de chatbots hasta el análisis predictivo, ofrece a los freelancers la posibilidad de adaptarse y evolucionar junto con las cambiantes necesidades del mercado.

La colaboración entre freelancers también está en aumento. Equipos virtuales compuestos por expertos en diferentes aspectos de la IA pueden unirse para abordar proyectos más complejos y multidisciplinarios. Esta colaboración remota refleja la tendencia hacia un enfoque más colectivo y colaborativo en el mundo del trabajo independiente.

Abrazando la Independencia Laboral en la Era de la IA

Ofrecer servicios como freelancer en proyectos de IA no solo representa una oportunidad para generar ingresos en línea, sino que también permite a los profesionales sumergirse en el emocionante y dinámico mundo de la inteligencia artificial. Con la flexibilidad laboral, acceso a una variedad de proyectos y la posibilidad de desarrollar habilidades de manera continua, los freelancers de IA están bien posicionados para prosperar en la economía digital en constante evolución. Al abrazar la independencia laboral y adaptarse a las demandas cambiantes del mercado, los freelancers pueden encontrar un camino exitoso en el fascinante y competitivo campo de la IA.

Tipos de Proyectos de IA en Freelance:

La naturaleza dinámica y expansiva de la Inteligencia Artificial (IA) ha generado una variedad de oportunidades en el ámbito del freelance, permitiendo a profesionales especializados contribuir a proyectos innovadores desde cualquier rincón del mundo. Exploraremos en profundidad algunos tipos clave de proyectos de IA en el ámbito del freelance, destacando la creciente demanda y las habilidades necesarias para destacar en estos campos especializados.

1. **Desarrollo de Modelos de Aprendizaje Automático:**

   El desarrollo de modelos de aprendizaje automático es un pilar fundamental en la esfera de la IA. Empresas de diversos sectores buscan expertos que puedan no solo crear modelos efectivos sino también entrenarlos para analizar datos y realizar predicciones precisas. Estos proyectos abarcan desde la predicción de tendencias del mercado hasta la optimización de procesos internos.

   Aspectos Clave del Desarrollo de Modelos de Aprendizaje Automático:

   Análisis de Datos Complejos: Los expertos en este campo deben ser capaces de analizar grandes conjuntos de datos, identificar patrones significativos y seleccionar las variables adecuadas para entrenar los modelos.

   Optimización de Algoritmos: Ajustar y optimizar algoritmos de aprendizaje automático para mejorar la precisión y eficiencia del modelo.

   Evaluación Continua: Realizar evaluaciones periódicas para garantizar que los modelos sigan siendo efectivos en un entorno dinámico.

   La experiencia en el desarrollo de modelos de aprendizaje

automático se ha convertido en una habilidad altamente demandada, ya que las empresas buscan aprovechar la capacidad predictiva de la IA para tomar decisiones informadas.

2. **Procesamiento de Lenguaje Natural (PLN):**

La implementación de sistemas que comprendan y generen texto de manera natural, conocida como Procesamiento de Lenguaje Natural (PLN), es otra área de creciente demanda en el ámbito del freelance. Esta disciplina se centra en la interacción entre las computadoras y el lenguaje humano, abriendo oportunidades para proyectos que mejoran la comunicación y la comprensión del lenguaje.

Áreas Clave del Procesamiento de Lenguaje Natural:

Desarrollo de Chatbots Conversacionales: Crear interfaces de chat inteligentes que puedan entender y responder de manera coherente al lenguaje humano.

Análisis de Sentimientos: Evaluar y comprender las emociones expresadas en texto, útil para empresas que buscan medir la satisfacción del cliente o analizar opiniones en redes sociales.

Traducción Automática: Desarrollar sistemas que puedan traducir de manera automática y precisa entre diferentes idiomas. La capacidad de trabajar con el lenguaje humano de manera efectiva se ha vuelto esencial en la era digital, donde la comunicación instantánea y la comprensión contextual son clave.

3. **Visión por Computadora:**

Los proyectos de visión por computadora involucran el análisis de imágenes y videos, y han experimentado una creciente demanda en una variedad de sectores. Desde el reconocimiento facial hasta la clasificación de objetos, la visión por computadora ha ampliado su alcance y se ha convertido en un componente esencial en muchas aplicaciones de la vida cotidiana.

Áreas de Enfoque en la Visión por Computadora:

Reconocimiento Facial: Implementar sistemas que puedan identificar y verificar la identidad de individuos a través de imágenes faciales.

Clasificación de Objetos: Desarrollar algoritmos capaces de analizar imágenes y videos para identificar y clasificar objetos específicos.

Seguimiento de Movimiento: Crear sistemas que puedan rastrear y analizar el movimiento de objetos en tiempo real, útil en campos como la seguridad y la logística.

La visión por computadora no solo ha transformado la forma en que interactuamos con la tecnología, sino que también ha generado oportunidades significativas para los freelancers especializados en este campo.

4. **Flexibilidad y Diversidad de Aplicaciones de la IA en Freelance:**

Freelancear en proyectos de IA no solo brinda la flexibilidad de trabajar desde cualquier lugar, sino que también permite a los profesionales adquirir experiencia en una variedad de aplicaciones de la IA. Desde proyectos que utilizan algoritmos de recomendación hasta la implementación de sistemas de reconocimiento de voz, los freelancers pueden diversificar su conjunto de habilidades y contribuir a proyectos innovadores.

Ventajas de la Diversificación en Proyectos de IA:

Amplio Espectro de Experiencia: Trabajar en diversos proyectos proporciona una experiencia valiosa en diferentes aplicaciones y casos de uso de la IA.

Desarrollo de Habilidades Transversales: La diversificación permite a los freelancers desarrollar habilidades que son aplicables en varios contextos, mejorando su versatilidad y capacidad de adaptación.

La naturaleza cambiante y en constante evolución de la IA crea un entorno propicio para aquellos que buscan expandir constantemente su conjunto de habilidades y contribuir a proyectos que están en la vanguardia de la innovación.

Navegando en el Mar de Oportunidades en Proyectos de IA en Freelance

En conclusión, los tipos de proyectos de IA disponibles para freelancers ofrecen una gama diversa de oportunidades, desde el desarrollo de modelos de aprendizaje automático hasta la implementación de sistemas de procesamiento de lenguaje natural y visión por computadora. La creciente demanda de habilidades especializadas en IA ha creado un mercado vibrante y en constante expansión para aquellos que buscan capitalizar su experiencia en este emocionante campo. Al aprovechar la flexibilidad del trabajo freelance, los profesionales pueden no solo contribuir a proyectos innovadores, sino también construir trayectorias profesionales sólidas y adaptables en la era digital impulsada por la IA. Con un enfoque estratégico y una mentalidad de aprendizaje continuo, los freelancers pueden no solo navegar en el mar de oportunidades de la IA, sino también prosperar y liderar en este emocionante y dinámico paisaje tecnológico.

2. Creación de Contenido con Herramientas de Generación de Texto:

Con el avance de los modelos de lenguaje generativos, la creación de contenido utilizando herramientas de generación de texto se ha convertido en una oportunidad innovadora. Plataformas como OpenAI's GPT-3 ofrecen capacidades sorprendentes para generar contenido de calidad, desde redacción de artículos hasta creación de diálogos para chatbots.

Formas de Monetizar la Generación de Contenido:

Redacción de Artículos y Blogs: Crear contenido para sitios web y blogs que buscan información relevante y atractiva.

Asistencia en Escritura Creativa: Ofrecer servicios para la

creación de historias, guiones, o contenido creativo.

Desarrollo de Chatbots Conversacionales: Crear diálogos para chatbots que mejoren la interacción con usuarios en sitios web y aplicaciones.

Esta forma de generación de contenido no solo ahorra tiempo, sino que también puede generar ingresos consistentes a medida que la demanda de contenido en línea continúa creciendo.

3. Marketing digital Impulsado por IA:

El marketing digital se ha beneficiado enormemente de las capacidades de la IA para analizar datos, personalizar estrategias y mejorar la eficacia de las campañas. Los profesionales del marketing que comprenden cómo integrar la IA en sus estrategias tienen la oportunidad de destacarse en un mercado saturado.

Áreas de Enfoque en Marketing Digital con IA:

Segmentación de Audiencia: Utilizar algoritmos de IA para identificar patrones de comportamiento y preferencias, permitiendo una segmentación de audiencia más precisa.

Personalización de Contenido: Crear experiencias personalizadas para los usuarios, adaptando el contenido y las ofertas según sus preferencias.

Optimización de Campañas Publicitarias: Implementar algoritmos de aprendizaje automático para ajustar automáticamente las estrategias de publicidad y maximizar el retorno de la inversión (ROI).

A medida que la publicidad en línea se vuelve más competitiva, la integración de la IA en las estrategias de marketing se convierte en un diferenciador clave.

4. Desarrollo de Aplicaciones y Productos de IA:

La creación y venta de aplicaciones y productos basados en IA es una ruta emocionante para aquellos con habilidades de desarrollo y conocimientos en esta área. Desde aplicaciones móviles hasta soluciones empresariales, el mercado está ansioso por productos que aprovechen las capacidades de la IA de manera efectiva.

Ideas para Desarrollo de Productos de IA:

Aplicaciones de Salud y Bienestar: Desarrollar aplicaciones que utilicen IA para proporcionar consejos personalizados de salud o seguimiento de fitness.

Herramientas de Productividad: Crear herramientas que utilicen la IA para mejorar la eficiencia en el trabajo, como asistentes virtuales especializados.

Plataformas de Aprendizaje en Línea: Desarrollar plataformas educativas que utilicen la IA para personalizar la experiencia de aprendizaje de los usuarios.

La monetización puede ocurrir a través de la venta directa de las aplicaciones, suscripciones o modelos freemium.

5. **Creación de Cursos en Línea sobre IA:**

A medida que la demanda de conocimientos en IA sigue en aumento, la creación de cursos en línea se presenta como una valiosa oportunidad para compartir conocimientos y generar ingresos. Plataformas como Udemy, Coursera y Teachable brindan un espacio para que expertos en IA compartan su experiencia con una audiencia global.

Temas Potenciales para Cursos de IA:

Introducción a la IA para Principiantes: Un curso básico para aquellos que desean comprender los conceptos fundamentales de la IA.

Desarrollo de Modelos de Aprendizaje Automático: Enseñar a los estudiantes a crear y entrenar sus propios modelos de aprendizaje automático.

Aplicaciones Prácticas de la IA en Negocios: Explorar cómo la IA puede ser utilizada en entornos empresariales para mejorar la eficiencia y la toma de decisiones.

La creación de cursos en línea no solo genera ingresos directos, sino que también establece al creador como una autoridad en el campo de la IA.

CHAPTER 4

Introducción a la programación para principiantes: Descifrando el mundo del desarrollo sin código

MÓDULO 2: INTRODUCCIÓN A LA PROGRAMACIÓN PARA PRINCIPIANTES: DESCIFRANDO EL MUNDO DEL DESARROLLO SIN CÓDIGO

Lección 1: Introducción a la Programación para Principiantes: Descifrando el Mundo del Desarrollo sin Código

La programación, a menudo considerada como un reino reservado para los expertos en tecnología, está experimentando una transformación accesible y emocionante. La introducción a la programación para principiantes sin código está allanando el camino para que aquellos sin experiencia técnica puedan comprender los conceptos fundamentales y participar activamente en el emocionante mundo del desarrollo de software.

¿Qué es la Programación sin Código?

Antes de sumergirnos en los detalles, es esencial comprender qué significa "sin código" en el contexto de la programación. La programación sin código se refiere a la creación de aplicaciones y sistemas informáticos sin la necesidad de escribir código tradicional. En lugar de utilizar lenguajes de programación complejos, los principiantes pueden aprovechar herramientas y plataformas visuales que permiten la creación de software de manera intuitiva y visual.

Eliminando Barreras de Entrada: Accesibilidad para Todos

La programación sin código surge como un catalizador para hacer que el desarrollo de software sea más accesible. Tradicionalmente, la barrera de entrada para la programación ha sido alta, con la necesidad de aprender lenguajes de programación, entender la sintaxis y solucionar problemas complejos de lógica. Sin embargo, la programación sin código busca cambiar esta narrativa al proporcionar interfaces gráficas y herramientas visuales que simplifican el proceso de creación de software.

Principios Fundamentales de la Programación sin Código:

Arrastrar y Soltar: Una característica fundamental de la programación sin código es la capacidad de arrastrar y soltar elementos en una interfaz visual. Esto elimina la necesidad de escribir líneas de código y permite a los principiantes construir aplicaciones combinando elementos predefinidos de manera intuitiva.

Interconexión Visual: Las plataformas sin código permiten a los usuarios conectar visualmente diferentes elementos y funciones. Esto se logra a través de la creación de flujos de trabajo visuales, donde los usuarios pueden establecer relaciones lógicas entre diferentes partes de su aplicación.

Componentes Reutilizables: Las herramientas sin código a menudo ofrecen bibliotecas de componentes predefinidos que los usuarios pueden utilizar y personalizar según sus necesidades. Esto facilita la creación de aplicaciones complejas sin la necesidad de comprender completamente cada detalle técnico.

Beneficios para los principiantes:

Aprendizaje Intuitivo: La programación sin código proporciona una experiencia de aprendizaje más intuitiva, permitiendo a los principiantes concentrarse en la lógica y el diseño en lugar de la sintaxis del código.

Rápido Desarrollo de Prototipos: Al eliminar la necesidad de escribir código manualmente, los principiantes pueden crear prototipos de sus ideas de manera rápida y eficiente. Esto fomenta la experimentación y la iteración constante.

Colaboración Facilitada: Las plataformas sin código a menudo permiten una colaboración fluida entre equipos, ya que los miembros pueden trabajar en la creación de aplicaciones sin tener que entender completamente el código de los demás.

Plataformas Populares de Programación sin Código para Principiantes:

Bubble: Bubble es una plataforma sin código que permite a los usuarios crear aplicaciones web mediante una interfaz gráfica. Los usuarios pueden diseñar el aspecto de sus aplicaciones y definir la lógica utilizando un enfoque visual de arrastrar y soltar.

Adalo: Adalo es una herramienta centrada en la creación de aplicaciones móviles sin código. Permite a los principiantes diseñar la interfaz de usuario y definir la lógica de la aplicación visualmente.

Zapier: Aunque más centrado en la automatización, Zapier es una plataforma sin código que permite a los usuarios conectar diferentes aplicaciones y servicios web mediante "Zaps", que son flujos de trabajo automatizados sin la necesidad de escribir código.

Conceptos Fundamentales para Principiantes sin Código:

Flujos de Trabajo (Workflows): En lugar de escribir secuencias de comandos, los principiantes sin código trabajan con flujos de trabajo visuales. Estos flujos representan la secuencia de acciones que la aplicación debe realizar.

Lógica Condicional: La capacidad de agregar lógica condicional es esencial en cualquier aplicación. Los principiantes sin código pueden establecer reglas visuales que determinan cómo la aplicación responde a diferentes situaciones.

Diseño de Interfaz de Usuario (UI): Aunque no se requiere conocimiento de diseño gráfico, comprender los principios básicos de diseño de interfaz de usuario ayuda a crear aplicaciones visualmente atractivas y funcionales.

Desafíos y Consideraciones:

Aunque la programación sin código facilita la entrada al mundo del desarrollo, no está exenta de desafíos. Los principiantes deben tener en cuenta:

Limitaciones de Personalización: A medida que las aplicaciones crecen en complejidad, las plataformas sin código pueden tener limitaciones en cuanto a la personalización avanzada y características específicas.

Escalabilidad: Algunas aplicaciones pueden superar las capacidades de las plataformas sin código en términos de escalabilidad. A medida que las necesidades de la aplicación crecen, es posible que se requiera una transición a métodos de desarrollo más tradicionales.

Costo a Largo Plazo: Aunque muchas plataformas sin código ofrecen planes gratuitos, los proyectos más grandes pueden incurrir en costos a medida que se requieran funciones premium o mayores capacidades.

Implicaciones Futuras:

La programación sin código está evolucionando rápidamente y está dejando una marca en la forma en que se crea y desarrolla el software. A medida que la tecnología avanza, es probable que las plataformas sin código ofrezcan capacidades más avanzadas, permitiendo a los principiantes sin experiencia técnica abordar proyectos aún más ambiciosos.

Abriendo Puertas a la Creatividad Tecnológica

La introducción a la programación para principiantes sin código representa un hito en la democratización del desarrollo de software. Al eliminar las barreras tradicionales y hacer que la creación de aplicaciones sea accesible para todos, las plataformas sin código están abriendo puertas a la creatividad tecnológica. Los principiantes pueden explorar, aprender y construir sin tener que sumergirse en la complejidad del código, lo que

Lección 2: Conceptos básicos de Machine Learning explicados de manera accesible

Machine Learning (ML), o aprendizaje automático, es un campo fascinante que ha revolucionado la forma en que interactuamos con la tecnología. Aunque suena complejo, desentrañar los conceptos básicos de Machine Learning puede ser una tarea accesible para cualquier persona interesada en comprender cómo las máquinas pueden aprender y mejorar por sí mismas.

¿Qué es Machine Learning?

En su esencia, Machine Learning es una rama de la inteligencia artificial que se centra en enseñar a las máquinas a aprender y tomar decisiones sin ser programadas explícitamente. En lugar de seguir reglas predefinidas, los modelos de Machine Learning utilizan datos para mejorar su rendimiento con el tiempo.

Conceptos Clave:

Datos:

- **Entrenamiento:** En Machine Learning, todo comienza con los datos. Durante la fase de entrenamiento, proporcionamos a la máquina un conjunto de datos que contiene ejemplos y respuestas conocidas. La máquina utiliza esta información para aprender patrones y relaciones.

- **Pruebas:** Después del entrenamiento, evaluamos el modelo utilizando datos adicionales que no ha visto antes. Esto nos ayuda a comprender cuán bien puede generalizar y hacer predicciones precisas en situaciones nuevas.

Algoritmos:

Instrucciones de aprendizaje: Los algoritmos son las instrucciones que guían el proceso de aprendizaje. Puedes imaginarlos como recetas que la máquina sigue para procesar los datos y hacer predicciones. Hay varios tipos de algoritmos, cada uno diseñado para tareas específicas.

Modelos:

- **Representación de Conocimiento:** Un modelo de Machine Learning es la representación interna del conocimiento que ha adquirido durante el entrenamiento. Este modelo es utilizado para hacer predicciones o tomar decisiones.
- **Tipos de Modelos:** Pueden ser tan simples como una regresión lineal para predecir valores numéricos o tan complejos como una red neuronal profunda para tareas más sofisticadas como el reconocimiento de imágenes.

Supervisado y no supervisado:

Aprendizaje supervisado: En este enfoque, el modelo se entrena con un conjunto de datos que incluye ejemplos emparejados con respuestas conocidas. El modelo aprende a hacer predicciones basadas en la entrada y las respuestas proporcionadas durante el entrenamiento.

Aprendizaje No Supervisado: Aquí, el modelo se enfrenta a datos sin respuestas conocidas. Su objetivo es encontrar patrones o estructuras dentro de los datos sin orientación previa.

Ejemplos prácticos:

Clasificación:

- **Definición:** En tareas de clasificación, el modelo asigna una etiqueta o categoría a una entrada en función de lo que ha aprendido durante el entrenamiento.
- **Ejemplo:** Imagina un modelo que clasifica correos electrónicos como "spam" o "no spam" basándose en patrones aprendidos de correos electrónicos previos.

Regresión:

- **Definición:** En lugar de clasificar, los modelos de regresión predicen valores numéricos. Pueden estimar precios, temperaturas o cualquier cantidad continua.
- **Ejemplo:** Un modelo de regresión podría predecir el precio de una casa en función de factores como el número de habitaciones, la ubicación, etc.

Agrupamiento:

- **Definición:** El agrupamiento implica dividir un conjunto de datos en grupos, o "clusters", según similitudes internas.
Ejemplo: Un modelo de agrupamiento podría clasificar noticias en diferentes temas sin que se le indique específicamente qué temas buscar.
Redes Neuronales:
- **Definición**: Inspiradas en el cerebro humano, las redes neuronales son modelos complejos que consisten en capas de nodos (neuronas) interconectados.
- **Ejemplo:** Las redes neuronales son comúnmente utilizadas en el reconocimiento de imágenes, como identificar caras en fotografías.

El Ciclo de Aprendizaje de una Máquina:

1. Recopilación de Datos:

• **Importancia:** La calidad de los datos es fundamental. Cuantos más datos de alta calidad tengamos, mejor podrá aprender la máquina.

1. Preprocesamiento:

• **Limpieza de Datos: A menudo, los datos necesitan ser limpiados y preparados antes del entrenamiento para garantizar que sean efectivos y precisos.**

1. Entrenamiento del Modelo:

• **Iterativo:** El modelo se entrena utilizando iteraciones para ajustar sus parámetros y mejorar su rendimiento en cada ciclo.

Evaluación:

1. **Pruebas y Validación:** Se prueba el modelo con datos que no ha visto antes para evaluar su capacidad para hacer predicciones precisas.
2. **Ajuste y Mejora:**

• **Optimización:** Basándose en los resultados de la evaluación, el modelo se ajusta y optimiza para mejorar su desempeño.

Desmitificando el "Aprendizaje":

Cuando hablamos de "aprendizaje" en Machine Learning, no nos referimos a una máquina que adquiere conocimiento de la manera en que lo hace un ser humano. En cambio, la máquina ajusta sus parámetros internos para mejorar su capacidad de hacer predicciones basadas en datos.

Desafíos Comunes y Soluciones:

1. **Sobreajuste:**

- **Definición:** Ocurre cuando un modelo se adapta demasiado a los datos de entrenamiento y no puede generalizar bien con nuevos datos.
- **Solución:** Regularización y uso de conjuntos de datos de prueba más grandes.

1. **Bajoajuste:**

- **Definición:** Ocurre cuando un modelo es demasiado simple y no puede capturar la complejidad de los datos.
- **Solución:** Aumentar la complejidad del modelo o recopilar más datos de entrenamiento.

1. **Interpretación del Modelo:**

- **Definición:** A menudo, los modelos de Machine Learning pueden parecer cajas negras, lo que dificulta entender cómo toman decisiones.
- **Solución:** Utilizar modelos más simples y explicativos, o técnicas específicas para interpretar modelos complejos.

Modulo 2. Lección 3: Ejemplos prácticos y casos de uso sencillos

Machine Learning (ML) no es solo un concepto abstracto; es una tecnología que impacta directamente en nuestras vidas diarias, desde recomendaciones de películas hasta la eficiencia operativa de las empresas. Al sumergirnos en ejemplos prácticos y casos de uso sencillos, podemos entender cómo ML está transformando diversos sectores y simplificando tareas cotidianas.

1. Recomendaciones de Películas y Música:

Cómo Funciona: Plataformas de streaming como Netflix y Spotify utilizan algoritmos de Machine Learning para analizar tus hábitos de visualización y escucha. El modelo aprende tus preferencias y sugiere películas o canciones similares que podrían interesarte.

Impacto: Facilita a los usuarios descubrir nuevos contenidos que se alinean con sus gustos, mejorando la experiencia de entretenimiento.

2. Filtrado de Correo Electrónico:

Cómo Funciona: Sistemas de filtrado de spam utilizan algoritmos de Machine Learning para analizar patrones en los correos electrónicos. El modelo aprende a identificar características de mensajes no deseados y los filtra automáticamente.

Impacto: Minimiza la interferencia de mensajes no deseados, mejorando la eficiencia y la seguridad de la comunicación por correo electrónico.

3. Asistentes Virtuales:

Cómo Funciona: Asistentes como Siri o Google Assistant emplean técnicas de procesamiento de lenguaje natural y Machine Learning para entender comandos de voz, aprender del contexto y proporcionar respuestas relevantes.

Impacto: Simplifica tareas cotidianas como establecer recordatorios, buscar información en línea y controlar dispositivos inteligentes.

4. Predicciones Meteorológicas:

Cómo Funciona: Modelos de Machine Learning analizan datos meteorológicos históricos y en tiempo real para prever patrones climáticos futuros. Estos modelos pueden aprender de cambios sutiles en variables como la temperatura, presión atmosférica y patrones de viento.

Impacto: Mejora la precisión de las predicciones meteorológicas, permitiendo una planificación más efectiva y la mitigación de riesgos.

**5. Reconocimiento Facial:

Cómo Funciona: Aplicaciones y sistemas de seguridad utilizan algoritmos de Machine Learning para analizar características faciales y reconocer patrones únicos. Estos modelos pueden aprender a identificar rostros en imágenes y videos.

Impacto: Mejora la seguridad al permitir el acceso a lugares seguros o la identificación de personas en eventos públicos.

**6. Automatización de Servicio al Cliente:

Cómo Funciona: Chatbots basados en Machine Learning pueden entender preguntas y proporcionar respuestas relevantes sin intervención humana. Aprenden de interacciones previas para mejorar la precisión con el tiempo.

Impacto: Agiliza el servicio al cliente al brindar respuestas rápidas y precisas, mejorando la satisfacción del cliente.

**7. Detección de Fraudes en Tarjetas de Crédito:

Cómo Funciona: Algoritmos de Machine Learning analizan patrones de gasto y comportamientos históricos para identificar transacciones sospechosas. Estos modelos pueden aprender y adaptarse a nuevos métodos de fraude.

Impacto: Protege a los titulares de tarjetas al detectar y prevenir transacciones fraudulentas de manera rápida y eficiente.

**8. Traducción Automática de Idiomas:

Cómo Funciona: Plataformas como Google Translate utilizan modelos de Machine Learning para analizar y entender el contexto de las frases en un idioma y generar traducciones precisas en otro idioma.

Impacto: Facilita la comunicación global al superar las barreras del idioma, permitiendo la comprensión mutua en diferentes culturas.

****9. Optimización de Cadenas de Suministro:**

Cómo Funciona: Algoritmos de Machine Learning analizan datos sobre la demanda, el inventario y la producción para prever necesidades futuras y optimizar la gestión de la cadena de suministro.

Impacto: Mejora la eficiencia al reducir costos de almacenamiento, minimizar excedentes y garantizar la disponibilidad de productos.

****10. Diagnóstico Médico Asistido por Computadora:**

- **Cómo Funciona:** Imágenes médicas, como radiografías o resonancias magnéticas, son analizadas por modelos de Machine Learning para identificar patrones asociados con enfermedades o anomalías.

- *Impacto:* Ayuda a los profesionales de la salud a realizar diagnósticos más precisos y rápidos, mejorando el tratamiento y la atención al paciente.

Estos ejemplos prácticos y casos de uso sencillos ilustran cómo Machine Learning está integrado en diversos aspectos de nuestras vidas y actividades empresariales. Desde mejorar la precisión de las predicciones hasta simplificar tareas diarias, la influencia de ML es profunda y en constante expansión. A medida que esta tecnología evoluciona, podemos anticipar aún más innovaciones que transformarán nuestra forma de trabajar, aprender y vivir.

MACHINE
LEARNING
Machine learning is the study
of computer algorithms that
can improve automatically
through experience.
READ MORE
https://bookbolt.store

Módulo 3: herramientas amigables para principiantes

Lección 1: Exploración de herramientas visuales para IA (ej. AutoML, Teachable Machine)

La Inteligencia Artificial (IA) ha pasado de ser un campo especializado a una realidad accesible para una amplia audiencia gracias a herramientas visuales que democratizan su uso. Entre estas, se destacan ejemplos notables como AutoML y Teachable Machine, que han revolucionado la forma en que las personas interactúan con la IA. En esta exploración profunda, analizaremos estas herramientas y cómo están allanando el camino para que incluso aquellos sin experiencia técnica puedan utilizar y comprender la IA.

1. AutoML: Desmitificando el Entrenamiento de Modelos:

AutoML, o Machine Learning Automático, es una categoría de herramientas que tiene como objetivo simplificar el proceso de entrenamiento de modelos de Machine Learning. Está diseñado para aquellos que pueden no tener experiencia técnica profunda en el campo, pero que desean aprovechar los beneficios de la IA. Una de las características más distintivas de AutoML es su capacidad para automatizar muchas de las tareas complejas asociadas con la construcción de modelos de ML.

Interfaz Amigable:

Simplificación del Proceso: AutoML proporciona interfaces gráficas intuitivas que permiten a los usuarios cargar datos, seleccionar la tarea que desean abordar (clasificación, regresión, etc.) y luego ejecutar el proceso de entrenamiento sin escribir una sola línea de código.

Automatización de Tareas Técnicas:

Selección de Modelos: AutoML realiza la selección automática de modelos y ajusta sus hiperparámetros para obtener el mejor rendimiento posible. Esto elimina la necesidad de que los usuarios profundicen en la complejidad técnica del ajuste de modelos.

Optimización del Rendimiento:

Iteración Continua: AutoML permite la iteración continua. Los usuarios pueden ajustar parámetros y datos fácilmente para mejorar el rendimiento del modelo sin tener que entender los detalles intrincados del proceso.

****2. Teachable Machine: Facilitando la Enseñanza a las Máquinas:**

Teachable Machine, desarrollado por Google, es otra herramienta visual que ha ganado popularidad al simplificar el proceso de entrenamiento de modelos de Machine Learning. Su enfoque se centra en hacer que el aprendizaje automático sea accesible incluso para principiantes sin experiencia técnica.

Aprendizaje Supervisado Simplificado:

Captura de Datos de Entrada: Teachable Machine permite a los usuarios enseñar a sus modelos proporcionándoles ejemplos de datos de entrada junto con las etiquetas correctas. Esto se hace a través de la cámara web para imágenes, micrófono para audio y sensores de movimiento para gestos.

Reconocimiento de Imágenes y Sonidos:

Amplia Aplicación: La herramienta es versátil y puede utilizarse para tareas como reconocimiento de imágenes, clasificación de sonidos y detección de posturas corporales, facilitando la creación de modelos para una variedad de aplicaciones.

Exportación Fácil del Modelo:

Integración Sencilla: Teachable Machine permite a los usuarios exportar sus modelos entrenados fácilmente, lo que facilita su integración en aplicaciones, sitios web o proyectos personales.

****3. Comparación de AutoML y Teachable Machine:**

Ambas herramientas comparten el objetivo de simplificar la experiencia de los usuarios en el mundo del Machine Learning, pero hay diferencias clave.

AutoML:

Mayor Flexibilidad: AutoML generalmente proporciona una mayor flexibilidad en términos de tipos de tareas y la complejidad de los modelos que se pueden abordar. Es más adecuado para usuarios que desean explorar una variedad de tareas de ML.

Teachable Machine:

Enfoque de Aprendizaje Rápido: Teachable Machine se destaca por su enfoque de aprendizaje rápido y su capacidad para enseñar modelos en cuestión de minutos. Es ideal para proyectos más simples y aplicaciones rápidas de prototipos.

****4. Casos de Uso Concretos:**

- **Reconocimiento de Objetos:** Ambas herramientas se pueden utilizar para enseñar a una máquina a reconocer objetos en imágenes. Esto puede ser útil en la clasificación de productos, monitoreo de seguridad o incluso juegos interactivos.

- ***Reconocimiento de Voz:*** Teachable Machine es particularmente efectivo para enseñar modelos de reconocimiento de voz. Puedes crear fácilmente comandos personalizados para controlar aplicaciones o dispositivos mediante la voz.

- *Predicciones de Series Temporales:* AutoML brinda una ventaja cuando se trata de tareas más complejas, como la predicción de series temporales. Puedes utilizarlo para prever tendencias de ventas, demanda de productos o cualquier conjunto de datos que evolucione con el tiempo.

**5. Desafíos y Consideraciones:

Ambas herramientas son excelentes para introducir a los usuarios en el mundo de la IA, pero hay limitaciones a considerar.

Simplificación Limitada: Mientras que AutoML y Teachable Machine simplifican significativamente el proceso, aún hay cierta complejidad en la comprensión de cómo funcionan los modelos de Machine Learning. Para proyectos más avanzados, podría ser necesario explorar herramientas más especializadas.

Necesidad de Datos de Calidad: La calidad de los datos sigue siendo un factor crucial. Aunque estas herramientas simplifican el proceso, la precisión del modelo depende en gran medida de la calidad de los datos de entrenamiento.

**6. El Futuro de las Herramientas Visuales para IA:

La evolución de herramientas como AutoML y Teachable Machine es un indicador de la dirección futura de la IA. Se espera que surjan nuevas herramientas que simplifiquen aún más el proceso, ampliando el acceso a un público más amplio.

Rompiendo Barreras con Herramientas Visuales para IA:

En conclusión, las herramientas visuales como AutoML y Teachable Machine están desempeñando un papel crucial al romper las barreras de entrada en el mundo de la Inteligencia Artificial. Están empoderando a individuos y empresas, permitiéndoles explorar, experimentar y aplicar conceptos de Machine Learning sin requerir una experiencia técnica profunda. A medida que estas herramientas evolucionan, se espera que abran nuevas oportunidades y desencadenen una ola de innovación, democratizando aún más el acceso a la IA.

Modulo 3. Lección 2: Creación de modelos sin necesidad de programar

La democratización de la Inteligencia Artificial (IA) ha sido un hito significativo en el mundo tecnológico. Una de las tendencias más notables en esta dirección es la capacidad de crear modelos de IA sin la necesidad de programar. Esta evolución no solo ha hecho que la IA sea más accesible para una audiencia más amplia, sino que también ha transformado la forma en que las personas interactúan con la tecnología. En esta exploración a fondo, examinaremos cómo la creación de modelos sin programación está cambiando el juego y cómo estas herramientas están allanando el camino para una adopción más generalizada de la IA.

****1. La Revolución de la Creación sin Programación: Definiendo el Cambio:**

La creación de modelos de IA tradicionalmente requería habilidades de programación sólidas, limitando su acceso a aquellos con formación técnica. Sin embargo, la creación sin programación ha cambiado este paradigma, permitiendo que una gama más amplia de profesionales y entusiastas adopten y utilicen la IA.

Acceso Democrático:

Las herramientas sin programación han abierto las puertas a creadores, empresarios, analistas de datos y profesionales de diversas disciplinas que pueden carecer de habilidades de codificación avanzadas, pero poseen conocimientos específicos en sus campos respectivos.

****2. Tejiendo la Magia con Herramientas Visuales:**

Interfaz Gráfica Intuitiva:

La esencia de la creación sin programación radica en interfaces gráficas intuitivas. Estas herramientas presentan entornos visuales que permiten a los usuarios construir modelos simplemente arrastrando y soltando elementos, eliminando la necesidad de escribir código.

Arrastrar y Soltar Componentes:

Los usuarios pueden seleccionar y configurar componentes mediante operaciones de arrastrar y soltar. Estos componentes pueden representar capas de modelos, datos de entrada y salida, funciones de activación y más.

Personalización Visual:

La capacidad de personalizar visualmente los elementos del modelo brinda a los usuarios un control significativo sobre la arquitectura y la funcionalidad sin la necesidad de sumergirse en la complejidad del código.

3. Ejemplos Destacados de Herramientas sin Programación:
AutoML:

AutoML, o Machine Learning Automático, es una categoría de herramientas que permite a los usuarios crear modelos de ML sin experiencia en programación. Plataformas como Google AutoML ofrecen interfaces amigables que guían a los usuarios a través del proceso de entrenamiento y optimización del modelo.

Teachable Machine:

Desarrollado por Google, Teachable Machine es una herramienta que simplifica el proceso de entrenamiento de modelos de Machine Learning. Utilizando una interfaz visual, los usuarios pueden enseñar a sus modelos a reconocer imágenes, sonidos y gestos sin la necesidad de codificar.

Bubble:

En el ámbito del desarrollo de aplicaciones web, Bubble es una plataforma que permite a los usuarios crear aplicaciones sin escribir código. Ofrece un entorno visual donde los usuarios pueden diseñar interfaces de usuario y definir la lógica de la aplicación sin necesidad de conocimientos de programación.

4. Flujo de Trabajo en Creación sin Programación:
Recopilación y Preparación de Datos:

El proceso comienza con la recopilación y preparación de datos. Aunque esto sigue siendo crucial, las herramientas sin programación simplifican la carga y limpieza de datos a través de interfaces visuales.

Selección de Modelo y Configuración:

Los usuarios eligen el tipo de modelo que desean crear, ya sea para clasificación, regresión u otra tarea. Luego, mediante la interfaz visual, pueden configurar la arquitectura del modelo, ajustando parámetros y capas según sea necesario.

Entrenamiento e Iteración:

El proceso de entrenamiento se simplifica mediante operaciones visuales. Los usuarios pueden observar visualmente cómo evolucionan las métricas del modelo durante el entrenamiento y realizar iteraciones para mejorar el rendimiento.

Despliegue y Monitoreo:

Una vez que el modelo está entrenado, las herramientas sin programación facilitan el despliegue en entornos de producción. Además, proporcionan capacidades de monitoreo para seguir el rendimiento del modelo en tiempo real.

5. Casos Prácticos de Creación sin Programación:

Pequeños Comercios y Aplicaciones Personalizadas:

Los dueños de pequeños negocios pueden utilizar herramientas sin programación para desarrollar aplicaciones personalizadas que mejoren la eficiencia operativa sin depender de equipos de desarrollo costosos.

Analistas de Datos y Exploración Rápida:

Los analistas de datos pueden utilizar estas herramientas para realizar exploraciones rápidas de datos, desarrollar modelos predictivos y obtener información valiosa sin depender en gran medida de los equipos de ciencia de datos.

Educación y Aprendizaje Práctico:

En entornos educativos, la creación sin programación permite a los estudiantes experimentar con conceptos de IA sin la barrera de aprender a programar. Esto puede fomentar un entendimiento más amplio de la tecnología.

**6. Desafíos y Consideraciones en la Creación sin Programación:

Limitaciones en la Personalización:

Aunque estas herramientas ofrecen una gran flexibilidad, pueden tener limitaciones en la personalización avanzada. Para proyectos altamente especializados, es posible que se requieran enfoques más programáticos.

Complejidad de Modelos Avanzados:

La creación sin programación es ideal para modelos básicos y medianamente complejos. Modelos altamente avanzados pueden requerir ajustes finos que solo pueden lograrse mediante la programación directa.

Desafíos de la creación sin programación usando IA

**7. El Futuro de la creación sin programación:

Mayor Integración y Colaboración:

Se espera que la creación sin programación se integre aún más en flujos de trabajo existentes, permitiendo una colaboración más estrecha entre expertos en dominios específicos y profesionales de la IA.

Automatización de Tareas Empresariales:

En el ámbito empresarial, la creación sin programación se utilizará cada vez más para automatizar tareas comerciales cotidianas, permitiendo que las empresas aprovechen la IA de manera más efectiva.

Liberando el Potencial de la IA para Todos:

En conclusión, la creación de modelos sin necesidad de programar está allanando el camino para democratizar la Inteligencia Artificial. Facilita a una gama más amplia de personas aprovechar los beneficios de la IA, desde pequeños empresarios hasta analistas de datos y estudiantes. A medida que estas herramientas evolucionan y se integran más en nuestra vida cotidiana, la visión de un mundo donde la IA es accesible para todos se convierte en una realidad tangible, liberando el potencial de la innovación y el descubrimiento.

Modulo 3. Lección 3: Demostración de casos prácticos sin complicaciones técnicas

La adopción de la tecnología y la inteligencia artificial (IA) ha sido facilitada enormemente por el desarrollo de herramientas amigables para principiantes. Estas herramientas están diseñadas para aquellos que pueden carecer de experiencia técnica, pero desean aprovechar los beneficios de la tecnología de manera práctica y sin complicaciones. En esta exploración, destacaremos algunas de estas herramientas y demostraremos cómo se pueden aplicar en casos prácticos sin sumergirse en detalles técnicos abrumadores.

****1. Teachable Machine: Haciendo que la IA Sea Accesible:**
Interfaz Visual Intuitiva:

Teachable Machine, desarrollado por Google, es una herramienta excepcionalmente amigable para principiantes. Su interfaz visual intuitiva permite a los usuarios enseñar a sus modelos de IA sin la necesidad de escribir código.

Demostración Práctica:

Imagina que deseas crear un modelo para reconocer diferentes gestos con las manos. Con Teachable Machine, simplemente necesitas proporcionar ejemplos visuales de cada gesto. Puedes tomar fotos o grabar videos directamente desde tu cámara web. Luego, la herramienta se encarga de entrenar un modelo que puede reconocer esos gestos con precisión.

Aplicaciones Prácticas:

Esto podría ser aplicado en juegos interactivos, control de dispositivos a través de gestos o incluso en entornos educativos para demostrar conceptos de forma práctica.

****2. Bubble: Desarrollo de Aplicaciones Sin Programar:**

Diseño Visual de Aplicaciones:

Bubble es una plataforma que permite a los usuarios crear aplicaciones web sin necesidad de programar. Su interfaz visual permite diseñar el diseño de la aplicación mediante operaciones de arrastrar y soltar, eliminando la complejidad del desarrollo tradicional.

Demostración Práctica:

Supongamos que tienes una pequeña empresa y deseas crear una aplicación de reserva en línea para tus clientes. Con Bubble, puedes diseñar visualmente el flujo de reserva, personalizar la interfaz y configurar la lógica de la aplicación sin necesidad de conocimientos de programación.

Aplicaciones Prácticas:

Esto podría ser utilizado por pequeñas empresas para mejorar la experiencia del cliente, permitiendo reservas sencillas y eficientes sin depender de un equipo de desarrollo de software.

3. Canva: Diseño Gráfico sin complicaciones:

Creación Visual de Contenido:

Canva es una herramienta de diseño gráfico que ha ganado popularidad por su enfoque amigable para usuarios no técnicos. Permite la creación visual de contenido gráfico sin la necesidad de habilidades avanzadas de diseño.

Demostración Práctica:

Supongamos que necesitas crear un póster para un evento. Con Canva, puedes seleccionar una plantilla preexistente y personalizarla arrastrando y soltando elementos. Puedes agregar texto, imágenes y ajustar el diseño de manera visual.

Aplicaciones Prácticas:

Esto podría ser utilizado por emprendedores, estudiantes o cualquier persona que necesite crear material visual de manera rápida y efectiva, sin tener que aprender software de diseño complejo.

4. Adalo: Construcción de Aplicaciones Móviles Simplificada:

Desarrollo de Aplicaciones Móviles Visuales:

Adalo es otra herramienta que permite la construcción de aplicaciones móviles sin complicaciones técnicas. Su enfoque visual facilita la creación de aplicaciones personalizadas sin necesidad de programar.

Demostración Práctica:

Supongamos que tienes una idea para una aplicación móvil que organiza tareas diarias. Con Adalo, puedes diseñar visualmente la interfaz de usuario, configurar la lógica de la aplicación y definir cómo interactúan los usuarios con la aplicación, todo sin tener que escribir código.

Aplicaciones Prácticas:

Esto podría ser utilizado por emprendedores o personas con ideas innovadoras que desean llevar sus conceptos de aplicaciones al mercado sin la barrera de la programación.

5. Wix: Creación de Sitios Web Intuitiva:

Diseño de sitios web sin programación:

Wix es una plataforma de creación de sitios web que permite a los usuarios diseñar y lanzar sitios web visualmente. Con su enfoque intuitivo, cualquiera puede crear un sitio web personal o empresarial sin tener conocimientos de codificación.

Demostración Práctica:

Supongamos que eres un artista y deseas crear un portafolio en línea. Con Wix, puedes elegir entre una variedad de plantillas, personalizar el diseño y agregar tus obras de arte sin necesidad de conocimientos técnicos.

Aplicaciones Prácticas:

Esto podría ser utilizado por artistas, profesionales independientes o pequeñas empresas que desean tener una presencia en línea sin depender de desarrolladores web.

**6. Figma: Colaboración en Diseño sin Complicaciones:

Diseño y Prototipado Colaborativo:

Figma es una herramienta de diseño y prototipado que se destaca por su enfoque colaborativo. Permite a los usuarios trabajar en diseño y prototipos en tiempo real, fomentando la colaboración sin la necesidad de habilidades de codificación.

Demostración Práctica:

Supongamos que tienes un equipo distribuido y necesitas colaborar en el diseño de una nueva interfaz de usuario. Con Figma, cada miembro del equipo puede contribuir visualmente al diseño, agregar comentarios y ajustar elementos en tiempo real.

Aplicaciones Prácticas:

Esto podría ser utilizado por equipos de diseño, agencias creativas o cualquier grupo que necesite colaborar en proyectos de diseño de manera eficiente.

Accesibilidad y Empoderamiento sin Complicaciones Técnicas:

En conclusión, las herramientas amigables para principiantes están desempeñando un papel crucial al hacer que la tecnología y la creatividad sean accesibles para todos. Desde la creación de modelos de IA hasta el diseño de sitios web, estas herramientas están empoderando a individuos y empresas sin requerir habilidades técnicas avanzadas. La democratización de la tecnología está en pleno apogeo, permitiendo que una audiencia más amplia participe en la innovación y la creación sin enfrentar complicaciones técnicas abrumadoras.

El Capítulo más corto que he escrito en mi vida

Creo en Ti.

Identificación de nichos y oportunidades de negocio

LECCIÓN 1: IDENTIFICACIÓN DE NICHOS Y OPORTUNIDADES DE NEGOCIO

En el mundo actual, la integración de la Inteligencia Artificial (IA) abre un abanico de oportunidades para emprendedores que buscan generar ingresos de manera práctica e innovadora. Al explorar proyectos prácticos basados en IA, se pueden descubrir oportunidades que van desde la automatización de tareas hasta la creación de productos y servicios avanzados. La clave radica en identificar cómo la IA puede mejorar y agregar valor a diversas áreas del mercado.

Definición de Nichos de Mercado:

Un nicho de mercado es un segmento específico de la población con necesidades o preferencias particulares que no están completamente cubiertas por la oferta general del mercado. Identificar estos nichos es clave, ya que permitirá adaptar soluciones de IA de manera precisa y eficiente.

Ventajas de Abordar Nichos:

Enfocarse en nichos permite una mayor personalización de los productos o servicios. La adaptación a necesidades específicas crea propuestas de valor más sólidas y reduce la competencia directa, lo que puede ser especialmente valioso en un mercado saturado.

**3. Herramientas de Investigación para Identificación de Nichos:

Análisis de Tendencias:

Utilizar herramientas de análisis de tendencias y palabras clave es crucial para entender las necesidades emergentes en diferentes sectores. Google Trends, SEMrush y otras plataformas proporcionan información valiosa sobre lo que la gente está buscando en línea.

Investigación Competitiva:

Analizar la competencia en nichos potenciales brinda información sobre lo que ya está disponible en el mercado y dónde pueden surgir lagunas. Esta investigación ayuda a enfocar el desarrollo de proyectos de IA de manera estratégica.

**4. Identificación de Problemas que la IA Puede Resolver:

Enfoque en la Resolución de Problemas:

La IA brinda oportunidades excepcionales para abordar problemas específicos. Identificar áreas donde la IA puede aportar eficiencia, precisión o innovación es esencial. Por ejemplo, en el sector de la salud, la IA puede mejorar el diagnóstico médico o personalizar los tratamientos.

Innovación a través de la IA:

La IA no solo es una solución a problemas existentes, sino que también puede ser una herramienta poderosa para la innovación. La identificación de problemas no abordados puede conducir a la creación de soluciones únicas y disruptivas.

**5. Evaluación de la Viabilidad Financiera:

Análisis de Costos y Beneficios:

Antes de comprometerse con un nicho, es crucial realizar un análisis de costos y beneficios. Esto implica evaluar tanto los costos de desarrollo de proyectos con IA como el potencial retorno de inversión.

Consideración de la Demanda del Mercado:

La viabilidad financiera también depende de la demanda del mercado. Es fundamental evaluar si hay un mercado suficientemente grande y dispuesto a adoptar soluciones basadas en IA en el nicho identificado.

**6. Selección Estratégica de Nichos:

Criterios de Selección:

Después de la investigación y la evaluación, la selección final de nichos debe basarse en criterios estratégicos. Factores como el potencial de crecimiento, la accesibilidad y la capacidad de diferenciación deben tenerse en cuenta.

Adaptación a Tendencias Emergentes:

Elegir nichos que estén alineados con tendencias emergentes puede proporcionar una ventaja competitiva. La adaptación proactiva a cambios en el comportamiento del consumidor o avances tecnológicos garantiza la relevancia a largo plazo.

**7. Desarrollo de Propuestas de Valor Únicas:

Importancia de la Propuesta de Valor:

La propuesta de valor es lo que diferencia a un producto o servicio en el mercado. Desarrollar una propuesta única, resaltando cómo la IA aborda específicamente las necesidades del nicho, es esencial.

Enfoque en Beneficios Tangibles:

La propuesta de valor debe destacar los beneficios tangibles que la IA aporta al nicho identificado. Ya sea en términos de eficiencia, personalización o innovación, la propuesta debe ser clara y convincente.

**8. Desarrollo y Validación del Concepto:

Creación de Prototipos y Versiones de Prueba:

Antes de lanzar un proyecto a gran escala, es beneficioso crear prototipos y versiones de prueba. Esto permite validar el concepto y realizar ajustes antes de una implementación completa.

Obtención de Retroalimentación:

La retroalimentación temprana de usuarios potenciales o de expertos en el nicho puede ser invaluable. Esta fase de desarrollo iterativo garantiza que el proyecto responda de manera efectiva a las necesidades del mercado.

**9. Implementación Estratégica:

Desarrollo de Estrategias de Marketing:

La implementación de proyectos con IA debe ir acompañada de estrategias de marketing efectivas. Desde la creación de una presencia en línea hasta la utilización de redes sociales y otras tácticas, es crucial llegar al público objetivo de manera efectiva.

Consideración de Recursos y Presupuesto:

La planificación de recursos y presupuesto debe ser realista y sostenible. Evaluar los recursos necesarios para la implementación y el lanzamiento del proyecto es esencial para evitar sorpresas financieras.

Fusionando la IA con Oportunidades de Negocio:

En conclusión, el desarrollo de proyectos con IA y la identificación de nichos y oportunidades de negocio son elementos interconectados que pueden impulsar el éxito empresarial. La IA no solo es una tecnología avanzada, sino una herramienta estratégica que puede transformar industrias y satisfacer las necesidades específicas de los consumidores. Al entender cómo la IA puede abordar problemas y oportunidades en nichos específicos, los emprendedores pueden no solo generar ingresos, sino también liderar la vanguardia de la innovación y la eficiencia en sus respectivos campos. La combinación inteligente de tecnología avanzada y comprensión profunda del mercado allana el camino para proyectos exitosos que no solo sobreviven, sino que prosperan en el cambiante paisaje empresarial.

Módulo 4.

Lección 2: Creación de proyectos pequeños con impacto económico rápido

La adopción de la Inteligencia Artificial (IA) en el ámbito empresarial ha dejado de ser una opción reservada para grandes corporativos. Actualmente, la capacidad de implementar proyectos con IA de manera ágil y rentable ha permitido a emprendedores y pequeñas empresas sumarse a esta revolución tecnológica. En este análisis exhaustivo, exploraremos cómo el desarrollo de proyectos pequeños con IA puede generar un impacto económico rápido, transformando no solo la eficiencia operativa, sino también las perspectivas financieras de los negocios.

1. Entendiendo la Dinámica de los Proyectos Pequeños con IA:

Visión Holística de la IA:

Antes de embarcarse en proyectos con IA, es esencial tener una visión holística de esta tecnología. Comprender los conceptos básicos, como el aprendizaje automático, el procesamiento del lenguaje natural y la visión por computadora, proporciona una base sólida para la implementación efectiva.

Escalabilidad y Agilidad:

La característica distintiva de los proyectos pequeños con IA es su capacidad para ser escalables y ágiles. Estos proyectos no requieren una infraestructura masiva y pueden adaptarse rápidamente a medida que evolucionan las necesidades del negocio.

2. Identificación de Oportunidades con Rápido Retorno de Inversión:

Análisis de Procesos Ineficientes:

El primer paso en la identificación de oportunidades para proyectos con IA es analizar los procesos empresariales existentes. Enfoque en identificar áreas ineficientes, tareas repetitivas y procesos que podrían beneficiarse de la automatización inteligente.

Identificación de Problemas Solucionables:

En lugar de buscar proyectos complejos desde el principio, la estrategia efectiva es identificar problemas específicos que puedan resolverse con soluciones de IA. Preguntas como "¿Dónde se pierde más tiempo?" o "¿Cuáles son los cuellos de botella?" son fundamentales en esta fase.

****3. Aplicaciones Prácticas para Empresas Pequeñas:**

Automatización de Tareas Repetitivas:

Los proyectos pequeños de IA pueden tener un impacto significativo al automatizar tareas repetitivas. Desde la clasificación de correos electrónicos hasta la gestión de datos, la automatización libera tiempo valioso para que los equipos se centren en tareas más estratégicas.

Mejora de la Atención al Cliente:

Implementar chatbots impulsados por IA puede mejorar la experiencia del cliente al proporcionar respuestas rápidas y precisas a preguntas comunes. Esto no solo agiliza la interacción, sino que también libera recursos humanos para casos más complejos.

Optimización de Procesos de Toma de Decisiones:

Los algoritmos de aprendizaje automático pueden analizar grandes conjuntos de datos para proporcionar información valiosa en tiempo real. Esto optimiza los procesos de toma de decisiones, permitiendo respuestas más rápidas a cambios en el entorno empresarial.

****4. Implementación de proyectos piloto:**

Enfoque Iterativo:

En lugar de apostar por una implementación completa desde el principio, la estrategia efectiva es adoptar un enfoque iterativo. Lanzar proyectos piloto permite evaluar la eficacia de la solución, realizar ajustes según sea necesario y aprender de la experiencia.

Evaluación de Resultados Rápidos:

Los proyectos pequeños con IA deben centrarse en obtener resultados rápidos y tangibles. La capacidad de evaluar el impacto económico en un corto período permite ajustar la estrategia y decidir si se escala, se ajusta o se descontinúa el proyecto.

**5. Herramientas y Plataformas Accesibles:

Plataformas de Autoaprendizaje:

El mercado actual ofrece una variedad de plataformas de autoaprendizaje que permiten a los no expertos en programación crear modelos de IA. Ejemplos incluyen Google AutoML, IBM Watson Studio y Microsoft Azure Machine Learning.

APIs de IA:

La utilización de APIs de IA proporciona acceso a servicios de inteligencia artificial preentrenados. Esto reduce significativamente el tiempo y los recursos necesarios para implementar soluciones de IA.

**6. Capacitación y Colaboración:

Desarrollo de Competencias Internas:

Capacitar al personal interno en conceptos básicos de IA y su aplicación en el negocio es esencial. Esto fomenta una cultura de innovación y habilidades técnicas que pueden ser aplicadas en proyectos futuros.

Colaboración Externa:

Colaborar con expertos externos en IA o empresas especializadas puede ser beneficioso para proyectos pequeños. Esto permite acceder a conocimientos especializados sin la necesidad de construir un equipo interno de especialistas.

**7. Medición del Impacto Económico:

Indicadores Clave de Desempeño (KPIs):

La medición del impacto económico debe basarse en indicadores clave de desempeño relevantes para el objetivo del proyecto. KPIs como la eficiencia operativa, la reducción de costos y la mejora de la productividad son fundamentales.

Rápido Retorno de Inversión (ROI):

Los proyectos pequeños con IA deben apuntar a un rápido retorno de inversión. Evaluar el ROI de manera continua permite tomar decisiones informadas sobre la escalabilidad y la inversión continua.

**8. Escalabilidad y Continuidad:

Diseño para la Escalabilidad:

Aunque los proyectos comienzan pequeños, deben diseñarse con la escalabilidad en mente. Esto garantiza que la solución pueda adaptarse a medida que las necesidades del negocio evolucionan.

Integración con Estrategias Empresariales:

La continuidad del impacto económico de los proyectos con IA depende de su integración efectiva con las estrategias empresariales generales. Deben alinearse con los objetivos a largo plazo y las metas comerciales.

**9. Estudios de Caso Exitosos:

Automatización de Procesos Administrativos:

Una pequeña empresa implementó un proyecto con IA para automatizar la clasificación de documentos administrativos. El impacto económico fue evidente en la reducción del tiempo empleado en tareas manuales y la eliminación de errores humanos.

Optimización de Campañas de Marketing:

Una startup implementó algoritmos de aprendizaje automático para optimizar sus campañas de marketing digital. Esto resultó en un aumento significativo en la eficacia de la publicidad y una mejora en las conversiones, generando un rápido retorno de inversión.

Transformando Negocios con Proyectos Ágiles de IA:

En conclusión, el desarrollo de proyectos pequeños con IA ofrece una vía estratégica para transformar negocios y generar un impacto económico rápido. Estos proyectos no solo son accesibles para empresas de menor escala, sino que también ofrecen un enfoque ágil y escalable para adoptar la inteligencia artificial. La identificación de oportunidades específicas, la implementación de proyectos piloto y la medición del impacto económico son componentes esenciales para el éxito. A medida que las empresas se embarcan en este viaje, la combinación de creatividad empresarial y la potencia de la IA allana el camino para un cambio significativo en la eficiencia, la productividad y la competitividad.

CHAPTER 8

Módulo 5: herramientas y plataformas para monetizar proyectos de IA

Lección 1: Introducción a plataformas de freelancing y crowdsourcing

En la era de la Inteligencia Artificial (IA), la monetización de proyectos se ha vuelto más accesible que nunca gracias a la proliferación de plataformas de freelancing y crowdsourcing. Estas plataformas ofrecen un espacio virtual donde los profesionales de la IA pueden conectar con empresas y particulares que buscan soluciones específicas. En este análisis extenso, exploraremos las diversas herramientas y plataformas disponibles para aquellos que desean monetizar sus habilidades en IA a través del freelancing y el crowdsourcing.

1. La Revolución de la Monetización en el Mundo de la IA: Cambio en el Paradigma Laboral:

La introducción de la IA ha redefinido la forma en que las personas trabajan. La flexibilidad, la movilidad y la accesibilidad global son elementos clave en la nueva era del trabajo, donde los profesionales buscan oportunidades para monetizar sus habilidades de manera independiente.

Auge del Trabajo Freelance y Crowdsourcing:

El trabajo freelance y el crowdsourcing han experimentado un crecimiento exponencial, y la IA no es la excepción. Estas formas de empleo ofrecen a los expertos en IA la posibilidad de trabajar en proyectos diversos, colaborar con empresas de todo el mundo y generar ingresos significativos.

2. Plataformas de Freelancing para Profesionales de la IA: Upwork:

Upwork es una de las plataformas de freelancing más grandes y versátiles. Con millones de proyectos publicados, ofrece oportunidades para desarrolladores de IA, científicos de datos y especialistas en aprendizaje automático.

Freelancer:

Freelancer es una plataforma global que conecta a freelancers con clientes en busca de talento. Los profesionales de la IA pueden encontrar proyectos en áreas como el procesamiento de lenguaje natural, la visión por computadora y el análisis de datos.

Toptal:

Toptal se destaca por reunir a los mejores talentos del mundo. Es una plataforma exclusiva que selecciona cuidadosamente a sus freelancers, ofreciendo oportunidades para expertos en IA en proyectos especializados y de alta calidad.

Guru:

Guru es una plataforma que abarca una variedad de categorías, incluida la tecnología y programación. Profesionales de la IA pueden encontrar proyectos relacionados con análisis predictivo, automatización y más.

3. Crowdsourcing y Plataformas de Desafíos de IA:

Kaggle:

Kaggle es una de las plataformas más conocidas para desafíos de ciencia de datos e IA. Aquí, los profesionales pueden participar en competiciones, colaborar en proyectos y conectarse con empresas que buscan soluciones avanzadas.

Innocentive:

Innocentive se centra en la resolución de problemas a través del crowdsourcing. Empresas plantean desafíos, y los profesionales de la IA pueden presentar soluciones para ganar recompensas monetarias.

CrowdAI:

CrowdAI se especializa en la creación de conjuntos de datos etiquetados para el desarrollo y entrenamiento de modelos de aprendizaje automático. Los profesionales pueden contribuir con su experiencia y ser compensados por sus aportes.

4. Cómo Empezar en Plataformas de Freelancing y Crowdsourcing:

Creación de un Perfil Atractivo:

El primer paso para monetizar habilidades de IA en estas plataformas es crear un perfil sólido. Esto incluye destacar habilidades específicas, proyectos anteriores y obtener calificaciones positivas de clientes anteriores.

Selección Estratégica de Proyectos:

Al evaluar proyectos disponibles, es crucial elegir aquellos que se alineen con las habilidades y objetivos profesionales. Seleccionar proyectos estratégicos no solo aumenta las posibilidades de éxito sino que también ayuda a construir una reputación especializada.

Participación en Desafíos y Competiciones:

En plataformas como Kaggle, participar en desafíos y competiciones no solo brinda la oportunidad de ganar premios significativos, sino que también permite demostrar habilidades y conocimientos a la comunidad global.

5. Consideraciones Éticas y Legales:

Protección de la Propiedad Intelectual:

Antes de embarcarse en proyectos de freelancing o crowdsourcing, es fundamental comprender las cuestiones de propiedad intelectual. Tanto los freelancers como los clientes deben establecer claramente los términos de la propiedad de cualquier trabajo producido.

Cumplimiento de Regulaciones de Privacidad:

Los profesionales de la IA deben estar conscientes de las regulaciones de privacidad y seguridad de datos. Garantizar el cumplimiento de estas regulaciones es crucial, especialmente al trabajar en proyectos que involucren datos sensibles.

6. Ventajas de Monetizar Habilidades de IA en Plataformas Online:

Acceso a una Amplia Gama de Proyectos:

Una de las mayores ventajas es el acceso a una amplia variedad de proyectos. Desde pequeñas empresas hasta corporativos internacionales, las plataformas ofrecen oportunidades para todo tipo de profesionales de la IA.

Desarrollo de una Red Global:

Trabajar en proyectos online permite construir una red global de contactos. Colaborar con personas de diferentes países no solo enriquece la experiencia, sino que también amplía las oportunidades futuras.

Flexibilidad en Horarios y Ubicación:

La flexibilidad es una característica clave de la monetización en línea. Los profesionales de la IA pueden elegir proyectos que se adapten a sus horarios y trabajar desde cualquier ubicación, lo que fomenta un equilibrio entre vida laboral y personal.

7. Desafíos y Cómo Superarlos:

Competencia Global:

La competencia es intensa en plataformas de freelancing y crowdsourcing. Para destacar, es esencial construir un perfil distintivo y ofrecer propuestas de valor claras y personalizadas.

Negociación de Tarifas Justas:

Establecer tarifas justas puede ser un desafío. La investigación del mercado y la evaluación de la complejidad del proyecto son clave para establecer tarifas competitivas y justas.

8. Estudios de Caso Exitosos:

Desarrollo de Modelo de Aprendizaje Automático:

Un científico de datos freelance desarrolló un modelo de aprendizaje automático para predecir la demanda de productos en una pequeña empresa de comercio electrónico. El éxito del proyecto llevó a futuras colaboraciones y referencias positivas.

Participación en Competición de Kaggle:

Un ingeniero de aprendizaje automático participó en una competición de Kaggle para predecir enfermedades cardíacas. Su solución innovadora no solo ganó la competencia, sino que también atrajo la atención de empresas de atención médica.

Empoderando carreras y generando Ingresos en la Era de la IA:

Las herramientas y plataformas de freelancing y crowdsourcing han democratizado la monetización de habilidades en IA. Desde desarrolladores hasta científicos de datos y especialistas en aprendizaje automático, estos profesionales tienen la oportunidad de acceder a proyectos diversos, colaborar con empresas globales y generar ingresos significativos. Sin embargo, para aprovechar al máximo estas oportunidades, es esencial construir perfiles sólidos, seleccionar proyectos estratégicos y mantenerse al tanto de consideraciones éticas y legales. La era de la IA ha traído consigo no solo avances tecnológicos, sino también la posibilidad de empoderar carreras y generar ingresos de manera flexible y global.

Aprende a sacar provecho de la Inteligencia Artificial

CHAPTER 9

Creación de servicios y productos basados en IA

Módulo 5.

Lección 2: Creación de servicios y productos basados en IA

La Inteligencia Artificial (IA) ha revolucionado la forma en que interactuamos con la tecnología y ha generado una ola de oportunidades para monetizar proyectos basados en esta disciplina. Desde la creación de servicios personalizados hasta el desarrollo de productos innovadores, profesionales de la IA tienen a su disposición una amplia gama de herramientas y plataformas para capitalizar sus habilidades. En esta exploración profunda, analizaremos cómo las herramientas y plataformas facilitan la monetización de proyectos de IA, centrándonos en la creación de servicios y productos que impulsan el éxito en la era digital.

**1. El Contexto Evolutivo de la Monetización en la Era de la IA:

De Profesionales a Emprendedores:

La evolución de la IA ha transformado a profesionales en emprendedores. La capacidad de crear servicios y productos personalizados basados en IA ha allanado el camino para un nuevo modelo de negocio donde la innovación y la creatividad son la moneda de cambio.

Democratización de la Creación:

La democratización de la IA ha permitido que individuos y pequeñas empresas participen en la creación de soluciones avanzadas. Plataformas y herramientas accesibles han abierto las puertas a emprendedores que desean capitalizar sus conocimientos en IA.

****2. Herramientas de Desarrollo de IA:**

TensorFlow:

TensorFlow, desarrollado por Google, es una de las bibliotecas de aprendizaje automático más populares. Permite a los desarrolladores construir y entrenar modelos de IA, lo que es fundamental para la creación de servicios personalizados y productos avanzados.

PyTorch:

PyTorch es otra biblioteca de aprendizaje automático ampliamente utilizada. Con una comunidad activa y una interfaz flexible, es ideal para aquellos que buscan crear servicios y productos basados en IA con enfoques más experimentales.

Scikit-Learn:

Scikit-Learn es una biblioteca de aprendizaje automático en Python que proporciona herramientas simples y eficientes para el análisis de datos y la construcción de modelos. Es una opción valiosa para quienes buscan implementaciones rápidas y efectivas.

****3. Plataformas de Desarrollo y Despliegue:**

Plataforma de IA de Google:

Google AI Platform permite a los desarrolladores construir, entrenar y desplegar modelos de IA en la nube. Facilita la gestión de recursos y escalabilidad, siendo crucial para aquellos que buscan crear servicios a gran escala.

Aprendizaje automático de Microsoft Azure:

Azure Machine Learning de Microsoft ofrece un conjunto completo de herramientas para el desarrollo y despliegue de modelos de IA. Su integración con otras herramientas de Azure facilita la construcción de servicios y productos conectados.

AWS SageMaker:

Amazon SageMaker, parte de Amazon Web Services, proporciona una plataforma completa para el desarrollo y despliegue de modelos de IA. Su integración con otros servicios de AWS ofrece una infraestructura escalable para proyectos ambiciosos.

****4. Creación de Servicios Personalizados:**

Asesoramiento en Implementación de IA:

Ofrecer servicios de asesoramiento en la implementación de soluciones de IA es una forma valiosa de monetizar conocimientos. Empresas que buscan adoptar la IA pueden beneficiarse de la experiencia de profesionales en la planificación e implementación.

Desarrollo de Modelos Personalizados:

La creación de modelos de aprendizaje automático personalizados para empresas específicas es una oportunidad de monetización significativa. Esto implica entender las necesidades únicas de un cliente y construir soluciones a medida.

Optimización de Procesos Empresariales:

Los profesionales de la IA pueden ofrecer servicios para optimizar procesos empresariales mediante la automatización y la mejora de la eficiencia. La identificación de áreas de mejora y la implementación de soluciones pueden generar valor para los clientes.

****5. Plataformas de Monetización:**

Enseñable:

Teachable permite a los expertos en IA crear y vender cursos en línea. Esta plataforma es ideal para aquellos que desean compartir conocimientos y experiencias, generando ingresos a través de la educación.

Udemy:

Udemy es una plataforma de aprendizaje en línea donde los profesionales de la IA pueden crear cursos y monetizar su experiencia. La amplia audiencia global de Udemy brinda oportunidades para llegar a estudiantes de todo el mundo.

Coursera:

Coursera es conocida por asociarse con universidades y expertos en la creación de cursos en línea. Los profesionales de la IA pueden monetizar sus conocimientos al contribuir con cursos en colaboración con instituciones educativas.

****6. Desarrollo de Productos Basados en IA:**

Aplicaciones Móviles con Funcionalidades de IA:

Crear aplicaciones móviles que incorporan funcionalidades de IA puede ser una estrategia efectiva. Desde asistentes virtuales hasta filtros de imagen avanzados, las aplicaciones impulsadas por IA tienen un atractivo significativo.

Herramientas de Productividad Inteligente:

Desarrollar herramientas de productividad inteligente, como asistentes virtuales para la gestión de tareas o sistemas de recomendación personalizados, puede ofrecer productos únicos en el mercado.

Plataformas de Análisis de Datos:

Construir plataformas de análisis de datos avanzadas que utilicen algoritmos de IA puede satisfacer la creciente demanda de insights predictivos. Estas plataformas pueden ser valiosas para empresas que buscan tomar decisiones informadas basadas en datos.

****7. Cómo Comercializar y Vender Servicios y Productos de IA:**

Desarrollo de una Marca Personal:

La construcción de una marca personal sólida es esencial para la comercialización efectiva. Esto implica destacar habilidades únicas, mostrar casos de éxito y establecer una presencia en línea atractiva.

Creación de Contenido Educativo:

Gencrar contenido educativo en forma de blogs, videos o webinars puede posicionar a los profesionales de la IA como líderes de pensamiento. Compartir conocimientos y experiencias ayuda a establecer la confianza de los clientes potenciales.

Redes y Colaboraciones:

Participar en redes profesionales y buscar colaboraciones estratégicas es clave. Colaborar con otras empresas o profesionales puede ampliar la visibilidad y abrir nuevas oportunidades de negocio.

**8. Consideraciones Éticas y Legales en la Monetización de Proyectos de IA:

Transparencia en el Uso de Datos:

La transparencia en el uso de datos es crucial. Los profesionales de la IA deben comunicar de manera clara cómo se utilizan los datos para evitar problemas éticos y legales.

Cumplimiento de Regulaciones de Privacidad:

Garantizar el cumplimiento de regulaciones de privacidad y protección de datos es esencial. Esto incluye el manejo seguro de información sensible y la adherencia a normativas como el Reglamento General de Protección de Datos (GDPR).

**9. Estudios de Caso de Éxito en la Monetización de Proyectos de IA:

Desarrollo de Aplicación de Salud con IA:

Un equipo de desarrolladores de IA creó una aplicación de salud que utiliza algoritmos para ofrecer diagnósticos preliminares. La aplicación se monetiza a través de suscripciones mensuales para acceder a funciones avanzadas.

Plataforma de Análisis Predictivo para eCommerce:

Un startup desarrolló una plataforma de análisis predictivo basada en IA para empresas de comercio electrónico. La monetización se logra mediante la venta de suscripciones a empresas que buscan mejorar la personalización de la experiencia del cliente.

Forjando el Futuro de la Monetización en la Era de la IA:

En conclusión, las herramientas y plataformas para monetizar proyectos de IA ofrecen a los profesionales oportunidades sin precedentes para convertirse en emprendedores exitosos. Desde la creación de servicios personalizados hasta el desarrollo de productos innovadores, la versatilidad de la IA se traduce en múltiples vías de ingresos. La construcción de una marca personal sólida, la participación en plataformas de monetización y la consideración de aspectos éticos y legales son elementos clave para el éxito a largo plazo. La era de la IA no solo ha transformado la forma en que interactuamos con la tecnología, sino que también ha abierto un nuevo capítulo en la historia de la monetización, donde la creatividad y la innovación son los impulsores de un futuro prometedor.

En la actualidad, las plataformas de freelancing y crowdsourcing han emergido como catalizadores clave para el éxito de profesionales independientes y empresas. Este fenómeno ha sido particularmente significativo en el ámbito del eCommerce y el marketing digital, donde la flexibilidad y la diversidad de talentos son esenciales. En esta exploración, analizaremos la introducción a plataformas de freelancing y crowdsourcing, así como su uso específico en el ámbito del eCommerce y el marketing digital.

**1. El Auge de las Plataformas de Freelancing y Crowdsourcing:

Transformación del Mercado Laboral:

Las plataformas de freelancing y crowdsourcing han transformado radicalmente la forma en que las personas abordan el trabajo. Profesionales independientes y empresas pueden conectarse de manera rápida y eficiente, desbloqueando oportunidades sin importar la ubicación geográfica.

Acceso a Diversidad de Talentos:

Estas plataformas ofrecen acceso a una diversidad de talentos global. Desde desarrolladores y diseñadores hasta expertos en marketing digital, las empresas pueden encontrar habilidades específicas que se alineen con sus necesidades.

**2. Plataformas de Freelancing:

Upwork:

Upwork es una de las plataformas de freelancing más grandes y versátiles. Con millones de profesionales registrados, cubre una amplia gama de categorías, incluyendo diseño, programación, redacción y marketing digital.

Freelancer:

Freelancer es otra plataforma global que conecta a freelancers con clientes en busca de talento. Es especialmente popular en el desarrollo de software, diseño gráfico y marketing digital.

Toptal:

Toptal se destaca por reunir a los mejores talentos del mundo. Es una plataforma exclusiva que selecciona cuidadosamente a sus freelancers, brindando acceso a expertos en desarrollo, diseño y marketing digital.

**3. Plataformas de Crowdsourcing:

99designs:

99designs se especializa en crowdsourcing para diseño gráfico. Es una plataforma donde empresas pueden lanzar concursos y recibir propuestas de múltiples diseñadores.

Kaggle:

Kaggle es una plataforma de crowdsourcing centrada en la ciencia de datos. Aquí, científicos de datos y expertos en machine learning participan en competiciones para resolver problemas y mejorar algoritmos.

InnoCentive:

InnoCentive se enfoca en la resolución de problemas a través del crowdsourcing. Las empresas plantean desafíos, y profesionales de diversas disciplinas, incluyendo marketing digital, presentan soluciones para recibir recompensas.

4. Uso de Plataformas de eCommerce:

Shopify:

Shopify es una plataforma líder en eCommerce que permite a los empresarios crear y gestionar tiendas en línea. Freelancers especializados en desarrollo web y diseño pueden ofrecer servicios personalizados para optimizar la experiencia del usuario.

Magento:

Magento es otra plataforma de eCommerce popular, conocida por su flexibilidad y escalabilidad. Freelancers con habilidades en desarrollo de extensiones y personalización pueden encontrar oportunidades en esta plataforma.

WooCommerce:

WooCommerce, como complemento de WordPress, facilita la creación de tiendas en línea. Freelancers especializados en WordPress y marketing digital pueden aprovechar esta plataforma para ofrecer soluciones completas a pequeñas y medianas empresas.

5. Uso de Plataformas de Marketing Digital:

Digital Marketing Institute:

Plataformas como el Digital Marketing Institute ofrecen cursos y certificaciones en marketing digital. Freelancers pueden perfeccionar sus habilidades y ofrecer servicios especializados, desde estrategias de contenido hasta gestión de campañas publicitarias.

HubSpot Academy:

HubSpot Academy proporciona cursos gratuitos en inbound marketing, ventas y servicios. Freelancers pueden certificarse en metodologías inbound y ofrecer servicios de marketing digital centrados en la atracción y retención de clientes.

Google Analytics Academy:

La Google Analytics Academy brinda cursos sobre la plataforma de análisis de datos de Google. Freelancers especializados en analítica web y marketing digital pueden obtener certificaciones para ofrecer servicios de seguimiento y análisis de datos.

**6. Beneficios para Freelancers y Empresas:

Flexibilidad de Contratación:

Para las empresas, estas plataformas ofrecen flexibilidad en la contratación de talento según las necesidades del proyecto. Pueden encontrar expertos en marketing digital para campañas específicas o desarrolladores para proyectos a corto plazo.

Variedad de Proyectos:

Para freelancers, estas plataformas proporcionan una variedad de proyectos para elegir. Pueden trabajar en campañas de marketing digital, desarrollar sitios web de eCommerce o participar en desafíos de crowdsourcing según sus habilidades y preferencias.

**7. Desafíos y Consideraciones Éticas:

Competencia Global:

La competencia en estas plataformas es intensa, lo que puede hacer que destacar sea un desafío. La diferenciación a través de la calidad del trabajo y las habilidades especializadas es crucial.

Precios Competitivos:

La fijación de precios puede ser un desafío, ya que la competencia global puede influir en las tarifas. Es esencial que los freelancers establezcan tarifas justas y competitivas que reflejen su experiencia y calidad de trabajo.

Calidad del Trabajo:

Para las empresas, evaluar la calidad del trabajo de los freelancers puede ser un desafío. Es crucial revisar los perfiles, las calificaciones y las muestras de trabajo antes de tomar decisiones de contratación.

**8. Estudios de Caso Exitosos:

Campaña de Marketing Digital Exitosa:

Una empresa de eCommerce contrató a un freelance especializado en marketing digital a través de Upwork. La campaña resultante aumentó significativamente las conversiones y generó un retorno de inversión positivo.

Diseño Gráfico a través de 99designs:

Una pequeña empresa necesitaba un nuevo diseño de logotipo y utilizó 99designs para lanzar un concurso. Recibieron múltiples propuestas de diseñadores de todo el mundo y seleccionaron el diseño que mejor representaba su marca.

Conclusiones: Transformando la Dinámica del Trabajo y el Éxito Digital:

En conclusión, las plataformas de freelancing y crowdsourcing han transformado la dinámica del trabajo en la era digital, brindando oportunidades tanto a freelancers como a empresas. En el contexto específico del eCommerce y el marketing digital, estas plataformas ofrecen acceso a talentos globales especializados. Tanto para aquellos que buscan servicios como para aquellos **que** ofrecen sus habilidades, estas plataformas han democratizado el acceso al mercado global, impulsando la innovación y la eficiencia en la economía digital. Con la continua evolución de estas plataformas, la colaboración en línea y la creación de equipos virtuales seguirán siendo piedras angulares en el panorama laboral del futuro.

CHAPTER 10

Módulo 6: consejos prácticos y estrategias de marketing para principiantes

Lección 1: Estrategias de marketing digital para proyectos de IA

En la era digital actual, los proyectos de Inteligencia Artificial (IA) no solo deben ser innovadores desde el punto de vista técnico, sino que también requieren estrategias de marketing digital efectivas para alcanzar su máximo potencial. Desde la creación de una presencia en línea sólida hasta la generación de interés y participación de la audiencia, las estrategias de marketing digital desempeñan un papel crucial en el éxito de los proyectos de IA. Este análisis exhaustivo explorará diversas estrategias para impulsar la visibilidad y el éxito de los proyectos de IA en el ámbito digital.

1. Posicionamiento de Marca y Mensaje Clave:
Identificación del Valor Único:

Antes de lanzar cualquier estrategia de marketing digital, es fundamental identificar el valor único del proyecto de IA. ¿Qué problema resuelve? ¿Cómo mejora la vida de las personas o impulsa la eficiencia empresarial? Definir un mensaje claro y convincente es el primer paso.

Desarrollo de una Propuesta de Valor:

La propuesta de valor debe destacar los beneficios tangibles que el proyecto de IA aporta a los usuarios o clientes. Ya sea a través de la optimización de procesos, la mejora de la toma de decisiones o la creación de experiencias más personalizadas, la propuesta de valor debe resonar con la audiencia.

Creación de una Identidad de Marca Sólida:

La creación de una identidad de marca sólida para el proyecto de IA contribuye a su reconocimiento y diferenciación. Esto incluye elementos visuales como el logo, colores y diseño del sitio web, así como la consistencia en la voz y tono de la marca.

2. Optimización del Sitio Web y SEO:

Diseño Responsivo:

El sitio web del proyecto de IA debe tener un diseño responsivo que se adapte a diferentes dispositivos, ya que la mayoría de las interacciones en línea se realizan a través de dispositivos móviles.

Optimización para Motores de Búsqueda (SEO):

Implementar buenas prácticas de SEO es esencial para aumentar la visibilidad en los motores de búsqueda. Investigar palabras clave relevantes, optimizar metaetiquetas y mejorar la estructura del contenido son pasos clave en esta estrategia.

Generación de contenido valioso:

Crear contenido valioso relacionado con el proyecto de IA, como blogs, infografías o videos explicativos, no solo mejora el SEO, sino que también posiciona al proyecto como una fuente confiable de información en su industria.

3. Participación Activa en Redes Sociales:

Selección de Plataformas Relevantes:

No todas las plataformas de redes sociales son adecuadas para todos los proyectos de IA. La elección de plataformas relevantes según la audiencia objetivo es crucial. LinkedIn puede ser ideal para proyectos empresariales, mientras que Instagram puede ser más efectivo para proyectos centrados en el consumidor.

Contenido Atractivo y Educativo:

La participación activa en redes sociales implica la creación de contenido atractivo y educativo. Publicar actualizaciones regulares, compartir estudios de caso, participar en conversaciones relevantes y responder a comentarios son formas de mantener a la audiencia comprometida.

Anuncios Segmentados:

La publicidad en redes sociales, a través de anuncios segmentados, permite llegar a audiencias específicas con mensajes adaptados. Esta estrategia es especialmente valiosa para la generación de leads y la promoción de eventos o lanzamientos.

**4. Email Marketing Estratégico:

Segmentación de Listas:

La segmentación de listas de correo electrónico permite enviar mensajes específicos a diferentes segmentos de la audiencia. Por ejemplo, los clientes existentes pueden recibir actualizaciones diferentes a los leads potenciales.

Automatización de Campañas:

La automatización de campañas de correo electrónico puede nutrir a los leads a lo largo del embudo de ventas. Esto implica enviar mensajes automáticos basados en acciones específicas, como la descarga de un recurso o la participación en un evento en línea.

Contenido Exclusivo para Suscriptores:

Ofrecer contenido exclusivo para los suscriptores, como informes detallados, webinars privados o acceso anticipado a nuevas funciones, motiva a la audiencia a permanecer comprometida y a abrir los correos electrónicos.

**5. Campañas de Contenido en Video:

Explicación del Proyecto:

Los videos explicativos son una forma efectiva de presentar el proyecto de IA de manera clara y accesible. Pueden abordar preguntas frecuentes, destacar características clave y proporcionar demostraciones visuales.

Historias de Casos de Éxito:

Crear videos que cuenten historias de casos de éxito puede generar confianza en el proyecto. Mostrar cómo el proyecto ha tenido un impacto positivo en la vida de las personas o en el rendimiento empresarial brinda validez y credibilidad.

Webinars y Entrevistas en Video:

Organizar webinars o entrevistas en video con expertos en IA, líderes de la industria o usuarios satisfechos puede ampliar el alcance del proyecto y atraer a una audiencia más amplia.

**6. Participación en Eventos Virtuales y Presencia en la Comunidad:

Conferencias Virtuales y Ferias Comerciales:

Participar en conferencias virtuales y ferias comerciales permite al proyecto de IA conectarse con profesionales del sector, obtener retroalimentación directa y aumentar la visibilidad.

Foros y Comunidades en Línea:

Unirse a foros y comunidades en línea relevantes para la industria de la IA es una estrategia para establecer conexiones y participar en conversaciones. Compartir conocimientos y experiencias puede generar interés en el proyecto.

**7. Generación de leads y embudo de ventas:

Ofertas de contenido descargable:

Ofrecer contenido descargable, como informes técnicos, estudios de caso detallados o guías de mejores prácticas, puede ser una estrategia efectiva para la generación de leads.

Embudo de Ventas Personalizado:

Diseñar un embudo de ventas personalizado que guíe a los leads desde la conciencia hasta la conversión es esencial. Utilizar contenido específico en cada etapa del embudo asegura una transición suave.

Webinars y Demostraciones en Vivo:

Los webinars y demostraciones en vivo permiten a los leads conocer el proyecto de IA en acción y realizar preguntas en tiempo real. Esto puede ser un impulsor significativo para la toma de decisiones.

**8. Analítica y Mejora Continua:

Seguimiento de Métricas Clave:

Utilizar herramientas analíticas para realizar un seguimiento de métricas clave, como la tasa de conversión, la participación en redes sociales, el tráfico del sitio web y la apertura de correos electrónicos. Estas métricas proporcionan información valiosa sobre la eficacia de las estrategias.

Optimización Basada en Datos:

La optimización contínua basada en datos implica ajustar las estrategias según los resultados obtenidos. Si una campaña no está alcanzando los objetivos deseados, realizar cambios informados es esencial para mejorar el rendimiento.

****9. Consideraciones Éticas en la Promoción de Proyectos de IA:**

Transparencia en la Comunicación:

La transparencia en la comunicación es crucial. Es importante proporcionar información clara sobre cómo funciona el proyecto de IA, cómo se recopilan y utilizan los datos y cuáles son los posibles impactos.

Énfasis en la Responsabilidad Social:

Destacar los aspectos de responsabilidad social del proyecto, como la equidad, la privacidad y la seguridad, contribuye a una imagen positiva. Los usuarios y clientes están cada vez más preocupados por la ética en la IA.

****10. Estudios de Caso Exitosos:**

Lanzamiento Exitoso de una Plataforma de IA Empresarial:

Una plataforma de IA empresarial lanzó una campaña digital que destacaba su capacidad para optimizar procesos internos. El uso estratégico de videos explicativos y estudios de caso llevó a un aumento significativo en la adopción.

Campaña de concienciación sobre IA en el consumidor:

Una empresa de IA centrada en el consumidor lanzó una campaña en redes sociales que presentaba historias personales sobre cómo su tecnología mejoró la vida diaria. Esta campaña generó un aumento en la adquisición de usuarios y la retención.

Navegando el mundo digital con éxito:

En conclusión, las estrategias de marketing digital son esenciales para impulsar la visibilidad y el éxito de los proyectos de Inteligencia Artificial. Desde la definición de una identidad de marca sólida hasta la participación activa en redes sociales, cada estrategia desempeña un papel crucial en la creación y promoción de proyectos de IA. La ética y la transparencia son fundamentales en la era de la IA, donde la confianza del usuario es un activo invaluable. Al adoptar y adaptar estas estrategias según las necesidades y la evolución del proyecto, los equipos de IA pueden maximizar su impacto y contribuir significativamente al panorama tecnológico en constante cambio.

Lección 2. Creación de una marca personal en línea

La creación de una marca personal en línea se ha vuelto esencial en el mundo digital actual. Ya sea que seas un profesional independiente, un emprendedor o alguien que busca destacar en su campo, la construcción de una marca personal sólida puede marcar la diferencia. Este extenso análisis explorará consejos prácticos y estrategias de marketing para principiantes que desean construir y fortalecer su presencia en línea.

**1. Entendiendo la Importancia de una Marca Personal:

Definición de Marca Personal:

La marca personal es la impresión que dejas en los demás. Es la percepción que las personas tienen de ti, basada en tu reputación, valores, habilidades y cómo te presentas en línea.

Relevancia en el Mundo Digital:

En la era digital, donde la información está disponible en un abrir y cerrar de ojos, una marca personal sólida es crucial. Ayuda a establecer confianza, diferenciarte de la competencia y crear oportunidades profesionales.

**2. Consejos Prácticos para Principiantes:

Define tu Propósito y Valores:

Antes de sumergirte en la construcción de tu marca personal, reflexiona sobre tu propósito y valores. ¿Qué te impulsa? ¿Cuáles son tus principios fundamentales? Estos elementos serán la base de tu marca.

Identifica tu Audiencia Objetivo:

Conoce a tu audiencia objetivo. Entiende sus necesidades, deseos y desafíos. La construcción de tu marca debe resonar con ellos y ofrecer soluciones a sus problemas.

Crea un Logo y Establece una Paleta de Colores:

Diseña un logo distintivo y elige una paleta de colores coherente. Estos elementos visuales se convertirán en parte integral de tu marca y ayudarán a que tu presencia en línea sea fácilmente reconocible.

Optimiza tus Perfiles en Redes Sociales:

Asegúrate de que tus perfiles en redes sociales reflejen tu marca personal. Utiliza una foto de perfil profesional, escribe biografías claras y utiliza un lenguaje coherente con tu tono de voz de marca.

Desarrolla un Elevator Pitch:

Crea un discurso breve y persuasivo que describa quién eres, qué haces y cuál es tu propuesta de valor. Este "elevator pitch" debe ser claro y memorable.

Invierte en un Sitio Web Personal:

Un sitio web personal es tu centro en línea. Invierte tiempo en desarrollar un sitio web limpio, fácil de navegar y que refleje tu marca personal. Incluye una sección de "sobre mí", un portafolio (si aplica), y formas de contacto.

3. Estrategias de Marketing para la Construcción de la Marca Personal:

Contenido de Calidad en Blogs:

Iniciar un blog es una excelente manera de compartir tu conocimiento y establecerte como un experto en tu campo. Publica contenido relevante y valioso que atraiga a tu audiencia objetivo.

Participación en Redes Sociales:

Sé activo en las redes sociales relevantes para tu industria. Comparte contenido, interactúa con tu audiencia y participa en conversaciones. La consistencia es clave.

Colaboraciones con Otros Profesionales:

Colabora con otros profesionales en tu industria. Ya sea a través de entrevistas, colaboraciones en contenido o participación en eventos, estas asociaciones pueden ampliar tu alcance y credibilidad.

Webinars y Podcasts:

Organizar webinars o participar como invitado en podcasts puede ser una forma efectiva de llegar a una audiencia más amplia. Comparte tu experiencia y proporciona valor a los oyentes.

Email Marketing Personalizado:

Construye una lista de correo electrónico y utiliza el email marketing de manera estratégica. Proporciona contenido exclusivo, ofertas especiales y mantén a tu audiencia informada sobre tus logros y novedades.

4. Desarrollo de Contenido de Marca:

Historias Personales Impactantes:

Comparte historias personales que resalten tus valores y experiencias. Estas historias conectan emocionalmente con la audiencia y contribuyen a la autenticidad de tu marca.

Videos de Marca Personal:

Los videos son una herramienta poderosa para transmitir tu personalidad y mensaje. Crea videos cortos que presenten tu marca personal, compartan consejos útiles o muestren tu día a día.

Testimonios y Reseñas:

Solicita testimonios de clientes o colegas y compártelos en tu sitio web y redes sociales. Las reseñas auténticas refuerzan la confianza en tu marca.

5. Manejo de la Marca Personal en Situaciones Negativas:

Respuestas Positivas ante Críticas:

Las críticas pueden ocurrir. Responde de manera positiva, agradece los comentarios y demuestra tu disposición para mejorar. Esto muestra transparencia y madurez profesional.

Gestión de Problemas de Reputación:

Ante problemas de reputación, aborda la situación con rapidez y de manera proactiva. Comunica los pasos que estás tomando para resolver el problema y aprende de la experiencia.

6. Evaluación Continua y Ajustes:

Analítica y Retroalimentación:

Utiliza herramientas analíticas para evaluar el rendimiento de tu marca personal en línea. Observa las métricas de redes sociales, la participación en el sitio web y las tasas de apertura de correos electrónicos.

Solicita Retroalimentación:

Pide a tu audiencia y colegas que proporcionen retroalimentación honesta sobre tu marca personal. Utiliza esta información para realizar ajustes y mejoras continuas.

****7. Estudios de Caso de Éxito:**

Caso de Marca Personal en Marketing Digital:

Un profesional del marketing digital construyó una marca personal sólida a través de su blog y participación activa en Twitter. Esta presencia en línea le llevó a oportunidades de consultoría y conferencias.

Éxito en la Creación de una Marca Personal en Tecnología:

Un experto en tecnología construyó una marca personal a través de la creación de contenido en YouTube. Su canal se convirtió en una referencia en su nicho, atrayendo oportunidades de colaboración y patrocinios.

Forjando tu Identidad en la Era Digital:

En conclusión, la construcción de una marca personal en línea no es solo una opción, sino una necesidad en la era digital. Al seguir estos consejos prácticos y estrategias de marketing, los principiantes pueden forjar una identidad sólida y auténtica que resuene con su audiencia. La consistencia, la autenticidad y la adaptabilidad son claves en este viaje continuo de construcción y gestión de la marca personal. En un mundo donde la primera impresión a menudo ocurre en línea, tu marca personal es tu carta de presentación digital, y su construcción estratégica puede abrir puertas inimaginables en tu carrera y vida profesional.

Modulo 6. Lección 3: Consejos para promocionar productos y servicios basados en IA

En el vertiginoso mundo tecnológico actual, la promoción efectiva de productos y servicios basados en Inteligencia Artificial (IA) es esencial para destacar en un mercado cada vez más competitivo. La IA ha evolucionado de ser una tecnología emergente a una herramienta fundamental en diversas industrias, y la forma en que se promocionan estos productos y servicios juega un papel crítico en su adopción y éxito comercial. Este análisis detallado explorará consejos clave para promocionar productos y servicios basados en IA, maximizando su visibilidad y aceptación en el mercado.

**1. Claridad en la Comunicación:

Desglose de Beneficios Claves:

Al promocionar productos y servicios basados en IA, es crucial comunicar claramente los beneficios clave. ¿Cómo mejora la IA la eficiencia, la toma de decisiones o la experiencia del usuario? Desglosar estos beneficios de manera accesible ayuda a los clientes a comprender el valor que ofrece la tecnología.

Lenguaje No Técnico:

Evitar jerga técnica excesiva es esencial. Utilizar un lenguaje no técnico en la comunicación permite que una audiencia más amplia comprenda los beneficios de la IA sin sentirse abrumada por términos complicados.

Estudios de caso tangibles:

Incorporar estudios de caso tangibles en la promoción proporciona ejemplos concretos de cómo la IA ha impactado positivamente en organizaciones o individuos. Esto brinda evidencia práctica de los beneficios y crea confianza.

**2. Demostraciones en Vivo y Pruebas Gratuitas:

Demostraciones Interactivas:

Ofrecer demostraciones en vivo permite a los clientes potenciales ver la IA en acción. Esto es especialmente efectivo para productos que tienen una interfaz de usuario intuitiva o que demuestran resultados visuales impactantes.

Períodos de Prueba Gratuitos:

Proporcionar períodos de prueba gratuitos permite a los clientes experimentar directamente los beneficios de la IA antes de comprometerse. Esta estrategia reduce la barrera de entrada y fomenta la adopción.

**3. Personalización y Experiencia del Usuario:

Destacar Capacidades de Personalización:

Si el producto o servicio basado en IA ofrece capacidades de personalización, es crucial destacarlo en la promoción. La capacidad de adaptarse a las necesidades individuales agrega un valor significativo.

Enfocarse en la Experiencia del Usuario:

Colocar la experiencia del usuario en el centro de la promoción es fundamental. Si la IA mejora la usabilidad, la velocidad o la simplicidad, destacar estas mejoras contribuye a la percepción positiva del producto.

**4. Educación Continua:

Webinars y Talleres Educativos:

Organizar webinars y talleres educativos proporciona una plataforma para educar a la audiencia sobre cómo funciona la IA y cómo puede beneficiarles. Estos eventos también permiten abordar preguntas y preocupaciones en tiempo real.

Contenido Educativo en Línea:

Desarrollar contenido educativo en línea, como blogs, videos explicativos y guías, contribuye a establecer la marca como una autoridad en el espacio de la IA. La educación continua fortalece la confianza de la audiencia.

**5. Transparencia y Ética:

Comunicación Transparente:

La transparencia en la comunicación es esencial, especialmente en el ámbito de la IA. Explicar claramente cómo se recopilan y utilizan los datos, así como los límites y responsabilidades de la IA, construye una base de confianza.

Énfasis en la Responsabilidad Social:

Destacar el compromiso con la responsabilidad social y ética refuerza la imagen positiva del producto. Los consumidores están cada vez más preocupados por la ética en la tecnología, y abordar estas preocupaciones es crucial.

**6. Colaboraciones Estratégicas:

Asociaciones con Influencers:

Colaborar con influencers relevantes en el espacio de la IA puede amplificar la visibilidad del producto. Los influencers pueden proporcionar testimonios auténticos y llegar a audiencias específicas.

Alianzas Empresariales:

Establecer alianzas estratégicas con otras empresas puede abrir nuevas oportunidades de promoción. Las colaboraciones pueden incluir co-desarrollo de productos, eventos conjuntos o promociones cruzadas.

**7. Participación en Eventos Industriales:

Conferencias y Ferias Comerciales:

Participar en conferencias y ferias comerciales de la industria proporciona una plataforma para presentar el producto a profesionales clave. Estos eventos son oportunidades para establecer conexiones y generar interés.

Presentaciones y Charlas:

Organizar presentaciones o charlas durante eventos industriales permite profundizar en los detalles del producto y demostrar su aplicación en contextos específicos.

**8. Testimonios y Reseñas:

Solicitar Testimonios Auténticos:

La obtención de testimonios auténticos de clientes satisfechos refuerza la credibilidad del producto. Los testimonios pueden incluir casos de uso específicos y resultados tangibles.

Fomentar Reseñas en Plataformas Relevantes:

Incentivar y facilitar la creación de reseñas en plataformas relevantes, como sitios web especializados o redes sociales, aumenta la visibilidad del producto y construye confianza en la audiencia.

**9. Marketing en Redes Sociales:
Contenido Visual Atractivo:

Utilizar contenido visual atractivo, como gráficos, videos y infografías, en las plataformas de redes sociales ayuda a captar la atención de la audiencia y a transmitir mensajes clave de manera efectiva.

Anuncios Segmentados:

Implementar anuncios segmentados en redes sociales permite llegar a audiencias específicas. Personalizar mensajes según los segmentos de la audiencia mejora la relevancia y la efectividad de la promoción.

**10. Optimización Continua:
Análisis de Datos y Retroalimentación:

Utilizar análisis de datos para evaluar el rendimiento de las estrategias de promoción.

Recursos Adicionales para Principiantes

Para los principiantes que buscan adentrarse en este fascinante mundo con la intención de ganar dinero, es crucial contar con recursos adicionales que faciliten la comprensión y aplicación de la IA. En este texto, exploraremos una serie de herramientas, cursos y plataformas diseñadas específicamente para aquellos que están dando sus primeros pasos en el dominio de la IA.

1. Cursos Online: el camino educativo hacia la profundidad

Iniciar un viaje en la IA a menudo comienza con una sólida base educativa. Plataformas como Coursera, edX y Udacity ofrecen cursos especializados en IA para principiantes. Tomar cursos como "Introducción a la Inteligencia Artificial" o "Aprendizaje Automático" proporciona un entendimiento fundamental de los conceptos clave. Además, estas plataformas permiten a los usuarios aprender a su propio ritmo, adaptándose a las necesidades individuales de cada estudiante.

2. Foros y Comunidades: Donde el Conocimiento Se Convierte en Experiencia Compartida

Participar en comunidades en línea como Stack Overflow, Reddit (r/MachineLearning) y el foro de Kaggle brinda la oportunidad de interactuar con profesionales establecidos y otros aprendices. Estos espacios son ideales para hacer preguntas, compartir experiencias y obtener asesoramiento de aquellos que ya han recorrido el camino. La colaboración en proyectos grupales también es común en estos entornos, brindando a los principiantes una valiosa experiencia práctica.

3. Plataformas de Juegos de Datos: Donde la Teoría Encuentra la Aplicación Práctica

Para aquellos que desean aplicar sus conocimientos de manera práctica, plataformas como Kaggle ofrecen conjuntos de datos desafiantes y competiciones en las que los participantes pueden poner a prueba sus habilidades. Estas competiciones proporcionan una oportunidad única para aprender a abordar problemas del mundo real y mejorar continuamente. Además, muchos empleadores valoran la experiencia de Kaggle, lo que puede abrir puertas para oportunidades laborales.

4. Libros Esenciales: La Literatura que Forma la Mentalidad

En el vasto universo de la IA, la literatura especializada juega un papel crucial. Libros como "Python Machine Learning" de Sebastian Raschka y "A Course in Machine Learning" de Hal Daumé III ofrecen una comprensión detallada de los conceptos y técnicas esenciales. Estas lecturas no solo proporcionan conocimientos prácticos, sino que también cultivan la mentalidad analítica necesaria para abordar problemas complejos.

5. Herramientas de Desarrollo: Construyendo el Futuro, Línea de Código por Línea de Código

Contar con las herramientas adecuadas es esencial para cualquier aspirante a profesional de la IA. Plataformas como TensorFlow y PyTorch ofrecen bibliotecas de código abierto que facilitan el desarrollo y la implementación de modelos de aprendizaje automático. Estas herramientas permiten a los principiantes experimentar con algoritmos y construir proyectos desde cero, ganando así habilidades prácticas y experiencia en el mundo real.

6. Plataformas de Freelance: monetizando habilidades emergentes

Una vez que se adquieren habilidades sólidas en IA, plataformas de freelancers como Upwork y Freelancer ofrecen oportunidades para monetizar esos conocimientos. Empresas de todo el mundo buscan expertos en IA para proyectos específicos, desde análisis de datos hasta desarrollo de algoritmos personalizados. Iniciar una carrera freelance puede proporcionar ingresos significativos mientras se acumula experiencia en proyectos variados.

Hacia el Futuro de la Inteligencia Artificial y las Ganancias

Adentrarse en el mundo de la Inteligencia Artificial puede ser una experiencia emocionante y, potencialmente, lucrativa para los principiantes. Al aprovechar recursos como cursos en línea, comunidades, plataformas de juegos de datos, libros, herramientas de desarrollo y oportunidades de freelance, los principiantes pueden construir una base sólida y avanzar hacia el dominio de la IA. La clave radica en la dedicación, la práctica constante y la disposición a sumergirse en un campo que está evolucionando rápidamente. Con los recursos adecuados y una mentalidad de aprendizaje continuo, el viaje hacia la comprensión y la aplicación de la IA para ganar dinero puede convertirse en una realidad gratificante.

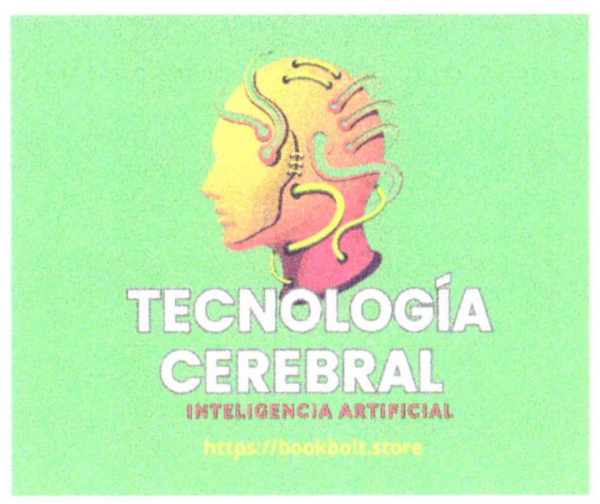

Deseándote Éxito en tu viaje con la Inteligencia Artificial: ganando mucho más en el mundo digital.

Derechos Reservados conforme a la ley ©

La presente obra está protegida por derechos de autor.

Rondha Watson & Wilmer Antonio Velásquez Peraza ©

2023.

Este libro es un producto de exclusiva propiedad de los autores, el mismo no puede ser copiado, ni fotocopiado, ni usado por ninguna persona sin el consentimiento expreso de los autores, el contenido es propiedad de sus creadores y de sus familiares directos por el plazo mínimo de 75 años.

Todos los derechos reservados. © **2023.** Queda prohibida la reproducción total o parcial de esta obra, así como su distribución, comunicación pública o transformación, sin la autorización previa y por escrito del autor o del editor. Cualquier infracción de los derechos de autor será perseguida legalmente.

Otro producto de KDP Diseño Editorial.

Wilmer Antonio Velásquez Peraza

Comunicador social, periodista, redactor profesional, redactor SEO, proyectos, productor radial, diseñador y generador de contenidos para radio y redes sociales, escritor de artículos y notas para prensa para el Pueblo impreso y diario ciudad Maracay, escritor inédito, ensayista, y analista proactivo, diseñador de post y campañas publicitarias, creativo de conceptos para marcas y posicionamiento de marcas, empresas, servicios o personas públicas.

Comunicación en prensa escrita, formación y atención de jóvenes en pasantías profesionales en el área de coaching y diseño de contenidos para el portal web de la institución dictado de charlas, talleres y procesos generales de formación, elaboración de guiones para programas de radio, conductor y creador de conceptos para programas de radio y diseño de imágenes para logos y páginas web.